Purkert/Ilgauds · Georg Cantor

1 Georg Cantor (3. 3. 1845–6. 1. 1918) [81]

Biographien
hervorragender Naturwissenschaftler,
Techniker und Mediziner Band 79

Georg Cantor

Doz. Dr. sc. Walter Purkert, Leipzig
Hans Joachim Ilgauds, Leipzig

Mit 16 Abbildungen

BSB B. G. Teubner Verlagsgesellschaft · 1985

Herausgegeben von
D. Goetz (Potsdam), I. Jahn (Berlin), E. Wächtler (Freiberg),
H. Wußing (Leipzig)
Verantwortlicher Herausgeber: H. Wußing

Purkert, Walter, und Hans Joachim Ilgauds:
Georg Cantor. – 1. Aufl. –
Leipzig: BSB B. G. Teubner Verlagsgesellschaft, 1985. –
135 S.: 16 Abb. –
(Biographien hervorragender Naturwissenschaftler,
Techniker und Mediziner, Bd. 79)

ISBN-13:978-3-322-00700-1 e-ISBN-13:978-3-322-82225-3
DOI: 10.1007/978-3-322-82225-3

Biogr. hervorrag. Nat.-wiss. Techn. Med., Bd. 79
ISSN 0232-3516

1. Auflage
VLN 294-375/39/85 · LSV 1008
Lektor: Hella Müller

Gesamtherstellung: Elbe-Druckerei Wittenberg IV-28-1-628
Bestell-Nr. 666 252 8

00680

Vorwort

> Das Unendliche hat wie keine andere Frage von jeher so tief das Gemüt der Menschen bewegt; das Unendliche hat wie kaum eine andere Idee auf den Verstand so anregend und fruchtbar gewirkt; das Unendliche ist aber auch wie kein anderer Begriff so der Aufklärung bedürftig.
>
> Hilbert [104, S. 163]

100 Jahre sind vergangen, seit in den Mathematischen Annalen der sechste und letzte Teil von Cantors fundamentaler Arbeit „Über unendliche lineare Punktmannigfaltigkeiten" erschienen ist. Damit war die Mengenlehre geboren und mit ihr eine prinzipiell neue Auffassung des Unendlichen in der Mathematik, verkörpert in Cantors Theorie der transfiniten Zahlen. Diese Theorie hat Hilbert als „die bewundernswerteste Blüte mathematischen Geistes und überhaupt eine der höchsten Leistungen rein verstandesmäßiger menschlicher Tätigkeit" bezeichnet.

Anfangs unbeachtet oder abgelehnt, zu Ende des vorigen Jahrhunderts zunehmend anerkannt und verwendet, durch die Entdeckung der Antinomien erneut erschüttert, ist die Mengenlehre in ihrer heutigen axiomatisierten Gestalt eines der Fundamente der Mathematik. Die Tatsache, daß alle mathematischen Begriffe auf mengentheoretische Begriffe zurückgeführt werden können, hat einige Autoren sogar zu der Behauptung veranlaßt, die gesamte Mathematik sei letztlich mit der Mengenlehre identisch. Wenn uns allerdings eine solche Ansicht als eine ungerechtfertigte Überbetonung des Formalen gegenüber dem Inhaltlichen erscheint, so ist doch unbestritten, daß die mengentheoretische Durchdringung der Mathematik neben der Entstehung des strukturellen Denkens und der Verwendung der axiomatischen Methode ein Wesenszug der modernen Mathematik ist. Das hat in zahlreichen Ländern bis in den Schulunterricht hinein gewirkt.

Ernst Zermelo hat im Vorwort zu den von ihm herausgegebenen „Gesammelten Abhandlungen Cantors" betont, daß es ein seltener Fall in der Geschichte der Wissenschaften ist, „wenn eine ganze wissenschaftliche Disziplin von grundlegender Bedeutung der schöpferischen Tat eines einzelnen zu verdanken ist". Ein solcher Fall ist in Cantors Schöpfung der Mengenlehre realisiert. Es ist das Ziel des vorliegenden Bändchens, die Persönlichkeit Georg

Cantors, seinen von Tragik überschatteten Lebensweg, seine wissenschaftlichen Bestrebungen und seinen beharrlichen Kampf für die Durchsetzung seiner Anschauungen auf dem Hintergrund des wissenschaftlichen Lebens seiner Zeit nachzuzeichnen. In einem Ausblick soll kurz auf die weitere Entwicklung der Mengenlehre nach Cantor eingegangen werden.

Cantors Werk ist auch von philosophischer Relevanz. Er selbst hat gelegentlich zum Ausdruck gebracht, daß er die philosophische Bedeutung der Mengenlehre höher veranschlagt als die mathematische. Aus heutiger Sicht sind Cantors eigene philosophische Erörterungen der vergänglichste Teil seines Werkes. Was die Mathematik betrifft, so hatte Cantor recht, als er seinem Sohn Erich auf dessen Frage nach der Bedeutung seiner Arbeiten antwortete: „So lange Mathematik wissenschaftlich betrieben wird, werden meine Lehren von Bedeutung sein."

Der BSB B. G. Teubner Verlagsgesellschaft (Leipzig) hat es unternommen, im Rahmen der Serie „Teubner-Archiv" die wichtigsten mathematischen Abhandlungen Cantors mit Kommentaren von Prof. Dr. G. Asser (Greifswald) wieder zugänglich zu machen. Dieses Werk wird demnächst erscheinen und sei allen interessierten Lesern wärmstens empfohlen.

Alle Cantor-Zitate in dem vorliegenden Buch sind aus den Gesammelten Abhandlungen entnommen mit Ausnahme derjenigen Arbeiten Cantors, die in den Ges. Abh. nicht oder nicht vollständig enthalten sind. Von uns stammende Zusätze oder Erläuterungen in Zitaten stehen in eckigen Klammern.

Für Unterstützung und wertvolle Hinweise danken wir dem Herausgeber dieses Bandes, Prof. Dr. H. Wußing, den Gutachtern Prof. Dr. G. Eisenreich und Doz. Dr. S. Gottwald sowie D. Baumgärtner (Halle), Dr. W. Berg (Halle), Prof. Dr. K.-R. Biermann (Berlin), Prof. Dr. J. W. Dauben (New York), Dr. H. Englisch (Leipzig), Dr. J. Gaiduk (Charkow), Prof. Dr. Grattan-Guinness (London), Dr. U. Helferstein (Zürich), G. Manz (Zürich), Dr. P. Müürsepp (Tartu), Prof. Dr. K. Schmüdgen (Leipzig), Dr. H. Schwabe (Halle)und Prof. Dr. E. Zeidler (Leipzig). Nicht zuletzt gilt unser Dank dem Teubner-Verlag für die angenehme Zusammenarbeit.

Leipzig, im Mai 1984 W. Purkert · H. J. Ilgauds

Inhalt

Kindheit und Jugend

Georg Cantor wurde am 3. März 1845 in St. Petersburg geboren. Sein Vater Georg Woldemar Cantor betrieb in der russischen Hauptstadt seit 1834/35 ein offenbar sehr erfolgreiches Maklergeschäft.

Über die Herkunft und die Ausbildung von Georg Woldemar Cantor ist sehr wenig Sicheres bekannt. Er stammte aus Kopenhagen und war wahrscheinlich schon in früher Jugend nach Petersburg gekommen. In den Schriftstücken, die von ihm überliefert sind, zeigte er sich als humanistisch hochgebildeter Mann. Daneben war Georg Woldemar Cantor tief religiös und hielt auch seine Kinder zu christlichem Lebenswandel an. Seine „Lebensphilosophie" klingt in folgendem Schriftstück an:

> ... in kleinen Mühen müssen wir erprobt werden, die Beschränkung ist unser Los. Und wer im Kleinen nicht edel handeln und glücklich sein kann, wie wäre er einer höheren Würde, eines seeligen Genusses unter höheren Geistern würdig? Wir sollen Gott nicht suchen außer uns und uns selbst darüber vergessen, sondern ... der uns eingeborenen Idee des Göttlichen würdig handeln ... [157, S. 6]

Im Gegensatz zu der etwas geheimnisvollen Herkunft des Vaters stammte die Mutter Georg Cantors, Marie Böhm, aus einer sehr bekannten Familie. Ihr Vater Franz Ludwig Böhm war Kapellmeister an der Kaiserlichen Oper in Petersburg. Dessen Bruder Josef Böhm, aus Ungarn gebürtig, war seit 1819 Professor für Violine am Konservatorium in Wien. Als Musiker ist Josef Böhm nicht nur als Lehrer bedeutender Virtuosen bekannt geworden, sondern auch durch seine Beziehung zu Beethoven, dessen Es-Dur-Quartett er 1825 zur ersten erfolgreichen Aufführung verhalf. Auch einige andere Böhms sind aus der Musikgeschichte rühmlichst bekannt. Marie Böhm hatte viele Eigenschaften der Böhms geerbt: Musikalität, Heiterkeit, aber auch Empfindlichkeit, Naivität und Unausgeglichenheit. Sie war von zarter Statur und ihr Leben lang viel von Krankheiten geplagt.

Georg Woldemar Cantor und Marie Böhm heirateten am 21. 4.

2 Die Eltern Georg Cantors [144]

1842 in der Deutschen Evangelisch-Lutherischen Kirche in St. Petersburg. Georg Woldemar Cantor war evangelischer Konfession, Marie Böhm kam aus einer römisch-katholischen Familie. Alle Spekulationen über die Religionszugehörigkeit von Georg Cantor, insbesondere daß er jüdischer Herkunft gewesen sei, sind nach neueren Forschungen hinfällig. [81, S. 351]

In dem großzügig geführten Haus der Familie Cantor-Böhm wuchs Georg mit noch drei jüngeren Geschwistern auf: Ludwig, Sophie und Constantin. Über die Geschwister Georg Cantors ist nur wenig bekannt geworden. Von Constantin wurde berichtet, daß er ein begabter Klavierspieler gewesen sei, von Sophie, daß sie zeichnerisch sehr talentiert war.

Petersburg war eine prächtige Residenzstadt mit großartigen kulturellen Einrichtungen und Bildungsmöglichkeiten. Um 1850 lebten dort über 40 000 Deutsche. Ihren Verwandten in Deutschland mußte der Petersburger Lebensstil sehr eigenwillig vorgekommen sein:

> ... (Petersburg) ist und bleibt uns so fremd, als ob es jenseits des Mondgebirges läge, und die Berichte davon klingen so fabelhaft, daß man bei späterer Anschauung dem Zeugniß der eigenen Augen kaum zu trauen wagt. [115, S. 10]

Georg Cantor besuchte in Petersburg die Elementarschule. Im Jahre 1856 übersiedelte die Familie Cantor nach Deutschland und ließ sich in Frankfurt/Main nieder. Georg Cantor erinnerte sich später oft mit Wehmut seiner frühen Jahre in Rußland. [81, S. 352] Der Vater hatte sich wegen eines Lungenleidens von seinen Geschäften zurückgezogen. Die Vermögenslage der Familie war so gut, daß der Vater später seiner Familie eine halbe Million Goldmark hinterließ.

Georg besuchte kurzzeitig Privatschulen in Frankfurt/Main und das Gymnasium in Wiesbaden. Am Gymnasium hat sich als Mathematiker nur ein Konrad Müller nachweisen lassen [181, S. 54], der vermutlich auch Cantor unterrichtet hat. Georg Cantor verspürte früh den Wunsch, Mathematik zu studieren, aber der Vater hielt eine Ingenieurausbildung für wirtschaftlich sicherer. Der Sohn besuchte daher seit Ostern 1859 die „Höhere Gewerbeschule des Großherzogthums Hessen" und die damit verbundene Realschule zu Darmstadt. Die Realschule absolvierte Georg Cantor mit vorzüglichen Ergebnissen. Im Abgangszeugnis vom September 1860 hieß es:

Sein Fleiß und Eifer musterhaft; seine Kenntnisse in der Niederen Mathematik inkl. Trigonometrie sind sehr gut; Leistungen lobenswert. [67, S. 192]

3 Höhere Gewerbeschule Darmstadt [189]

Nach Abschluß der Realschule trat Cantor in die Höhere Gewerbeschule ein. Bereits zu Pfingsten 1860 hatte Georg von seinem Vater einen Brief erhalten, in dem dieser die Erwartungen an seinen Sohn formuliert hatte:

Zur Erlangung vielfacher gründlicher wissenschaftlicher und praktischer Kenntnisse, zur *vollkommenen* Aneignung fremder Sprachen und Literaturen, zur vielseitigen Bildung des Geistes, auch in manchen humanistischen Wissenschaften ... *dazu* ist die eben angetretene *zweite Periode* Deines Lebenslaufes, *das Jünglingsalter,* bestimmt. Was der Mensch aber in *dieser Periode* versäumt ... das ist unwiederbringlich und *unersetzlich* für ewig verloren... [67, S. 191]

Die Höhere Gewerbeschule in Darmstadt hatte 1859 die Einrichtungen einer polytechnischen Schule erhalten, behielt aber noch einige Jahre ihren alten Namen bei. Die Ausbildung lief zunächst in zwei allgemeinen Klassen in je einem einjährigen Kursus als Vorbereitungsschule ab und endete nach zwei Jahren mit der „realistischen Maturitätsprüfung". Erst danach war ein Studium in einer der fünf Fachabteilungen möglich. [190, S. 14] Cantor absolvierte seine Studien in Darmstadt, als sich die Gewerbeschule in einer Krise befand. Auf Grund ungenügender wissenschaftlicher Profilierung verlor sie ständig an Schülern. Im Winter 1859/60 besuchten nur noch 142 Schüler die Schule. [189, S. 82]

Rektor der Höheren Gewerbeschule in Darmstadt war damals der Mathematiker Jacob Külp, der eine ausgezeichnete Ausbildung in Heidelberg und Brüssel genossen hatte und der auf Cantor offenbar großen Eindruck gemacht hat. [18, S. 31]

Die Abschlußprüfung nach Absolvierung der allgemeinen Klassen legte Cantor am 18. August 1862 ab.

In der Darmstädter Zeit konnte er auch die Einwilligung des Vaters zum Mathematikstudium erreichen. In einem Brief vom 25. 5. 1862 bedankte sich Georg für die Zustimmung des Vaters zu seinem Vorhaben:

... Wie sehr Dein Brief mich freute, kannst Du Dir denken; er bestimmt meine Zukunft. Die letzten Tage vergingen mir im Zweifel und der Unentschiedenheit; ich konnte zu keinem Entschluß kommen. Pflicht und Neigung bewegten sich in stetem Kampfe. Jetzt bin ich glücklich... [67, S. 193]

Da für das Studium der Naturwissenschaften und auch der Mathematik die Reifeprüfung gefordert wurde, legte Georg Cantor im Herbst 1862 diese Prüfung zusätzlich mit sehr gutem Ergebnis ab. [67, S. 192]

Das Leben des jungen Georg Cantor hatte sich bisher fast nur in der anmutigen Gegend des Rhein-Main-Gebietes abgespielt. Frankfurt/Main war seit 1815 freie Reichsstadt, hatte bedeutende Sammlungen, Museen und Bibliotheken aufzuweisen und war schon damals ein bedeutendes Handelszentrum. Die Einwohnerzahl betrug im Jahre 1871, also nach Cantors Aufenthalt in der Stadt, erst 91 000. In Frankfurt konnte man zur damaligen Zeit kein höheres Studium aufnehmen – die Stadt erhielt erst 1912 eine Universität. Wiesbaden war bis 1866 Hauptstadt des Herzogtums Nassau, sehr wohlhabend, schön gebaut und angelegt, aber eine Kleinstadt (1879 hatte sie 44 000 Einwohner). Für Frankfurt und Wiesbaden brachte das Jahr 1866 einen tiefen politischen Einschnitt. In diesem Jahre entschied sich in der Schlacht bei Königgrätz der Krieg zwischen Österreich und Preußen um die Vorherrschaft in Deutschland. Da Österreich den Krieg verlor, büßten seine Verbündeten, die Reichsstadt Frankfurt/Main und das Herzogtum Nassau ihre Unabhängigkeit ein und wurden dem preußischen Staat angegliedert.

Ebenso wie Wiesbaden gehörte Darmstadt als Residenz des Großherzogtums Hessen zu den vielen, oft mit prächtigen Bauten ausgestatteten, kleinen „Hauptstädten" Deutschlands. Noch 1875, also zu einer Zeit, da der Aufbau der Stadt zu einem bedeutenden Industriezentrum begann, hatte der Ort weniger als 40 000 Einwohner.

Studium in Zürich, Göttingen und Berlin

Im Herbst 1862 begann Cantor das Studium an der Universität Zürich. Er wurde am 9. 10. 1862 an der philosophischen Fakultät immatrikuliert. Die Matrikelbücher verzeichnen seinen Vornamen als Georg, aber auch als George und Jost. Seinen Wohnsitz nahm Cantor in Zürich bei Professor Graeffe in der Kuttelgasse. [100] Cantor blieb in Zürich nur ein Semester, da ihn der Tod des Vaters zwang, in die Heimat zurückzukehren. An der Universität Zürich hätte Cantor aber auch zur damaligen Zeit kaum mit der modernen Mathematik in Berührung kommen können. Die Universität Zürich war in den Jahren um 1860 auf mathematischem Gebiet nicht sehr gut besetzt. Die Mathematik vertraten der als Lehrer vorzügliche Carl Heinrich Graeffe und Johann Wolfgang von Deschwanden als Professoren. Als außerordentlicher Professor war der Astronom und Kulturhistoriker Johann Rudolf Wolf tätig, als Privatdozenten Casper Hug und Jacob Heinrich Durège. Auf physikalischem Gebiet wirkte allerdings damals an der Universität in Zürich mit Rudolf Clausius eine „Größe erster Ordnung". Die Anzahl der Studierenden war gering und betrug im Durchschnitt pro Semester an der philosophischen Fakultät etwa sechzig.

In den Jahren 1855–1864 befanden sich die Universität und die Eidgenössische Polytechnische Schule im gleichen Gebäude. [199, S. 25] Die Professoren der einen Hochschule lasen oft auch an der anderen. Die Polytechnische Schule war auf mathematischem Gebiet günstiger besetzt. Dort lasen neben Deschwanden, Hug, Durège und Clausius noch Christoffel, Culmann, Méquet und Orelli. Dedekind, sein späterer Freund und Briefpartner, war allerdings nicht mehr in Zürich, da er im Herbst 1862 an das Polytechnikum Braunschweig berufen worden war. [86]

Nach einem Semester Pause – der Vater war verstorben – setzte Cantor sein Studium in Berlin fort. Er kam in ein völlig anderes gesellschaftliches und kulturelles Klima. Die preußische Hauptstadt hatte ohne Vororte bereits etwa 600 000 Einwohner und befand sich in einer stürmischen Entwicklungsphase. Innerhalb eines Jahrzehnts, von 1861 bis 1871, wuchs die Einwohnerzahl Berlins (ohne Vororte) um rund 280 000 Personen. Eine Vielzahl wissenschaftlicher Vereinigungen, Theater, Museen, Bibliotheken und höherer Schulen bestimmten neben der Universität die kulturelle Atmosphäre Berlins. Allerdings führten der starke Bevölkerungsanstieg und sehr ungünstige soziale Verhältnisse auch zu negativen Begleitumständen:

Bei dem enormen Fremdenverkehr und dem beständigen starken Wechsel der Bevölkerung steht die öffentliche Sittlichkeit auf einer ziemlich niedern Stufe. [14, S. 275]

Die Berliner „Friedrich-Wilhelms-Universität", 1810 gegründet, hatte im Wintersemester 1863/64 fast genau 2 000 immatrikulierte Studenten, davon beinahe 700 in der philosophischen Fakultät. Der Anteil der Mathematiker und Physiker an dieser Zahl war allerdings mit etwa 50 Immatrikulierten noch nicht sehr groß.

4 Karl Weierstraß, einer von Cantors Lehrern [Sammlung Karger-Decker]

An der Berliner Universität begann in der ersten Hälfte der sechziger Jahre das „heroische Zeitalter" (A. Kneser) der Mathematik. Es lasen die Mathematiker von Weltruf Weierstraß, Kummer und Kronecker, daneben aber auch noch Fuchs, Arndt, Hoppe und M. Ohm. Kummer trug methodisch brilliant in einem zweijährigen Kursus relativ abgeschlossene Gebiete der Mathematik vor, so etwa analytische Geometrie, Zahlentheorie und Mechanik. Weierstraß dagegen las über eigene neueste Forschungsergebnisse auf den Gebieten analytische und elliptische Funktionen, Abelsche Funktionen und Variationsrechnung. Zu Weierstraß kamen die Zuhörer aus aller Herren Länder, weil er gerade das brachte, was noch in keinem Lehrbuch und in keiner Fachzeitschrift stand. Kronecker trug in geistvollem, aber für Studierende oft zu schwierigem Stil über neueste Resultate aus der Theorie der algebraischen Gleichungen, der Zahlentheorie, der Theorie der Determinanten und Integrale vor. Weierstraß, Kummer und Kronecker waren zu Cantors Studienzeit noch eng befreundet. Später wurden die Beziehungen zwischen Weierstraß und Kronecker zunehmend gespannter. Die Themen der Vorlesungen von Kummer, Weierstraß, Kronecker und den anderen Lehrenden waren sorgfältig aufeinander abgestimmt:

... daß den Studierenden Gelegenheit gegeben ist, in einem zweijährigen Cursus eine beträchtliche Reihe von Vorträgen über die wichtigsten mathematischen Disciplinen in angemessener Aufeinanderfolge zu hören, darunter nicht wenige, die an anderen Universitäten gar nicht oder doch nicht regelmäßig gelesen werden. (Weierstraß: [10, S. 75])

Cantor hörte in Berlin Vorlesungen bei Arndt, Kronecker, Kummer und Weierstraß, aber auch bei den Physikern Dove und Magnus und dem Philosophen Trendelenburg.

Sein Studium in Berlin unterbrach Cantor 1866 für ein Semester, um in Göttingen zu hören. Er besuchte in Göttingen Vorlesungen des Philosophen Lotze, der Mathematiker Minnigerode und Schering und des Physikers W. E. Weber.

1867 reichte Cantor in Berlin seine Dissertation „De aequationibus secundi gradus indeterminatis" (Über unbestimmte Gleichungen zweiten Grades) ein. Die Arbeit beruhte auf Untersuchungen von Lagrange, Gauß und Legendre über die diophantische Gleichung $ax^2 + by^2 + cz^2 = 0$. Nach sorgfältigem Studium der „Disquisitiones arithmeticae" (Arithmetische Untersuchungen) von Gauß

DE AEQUATIONIBUS
SECUNDI GRADUS INDETERMINATIS.

DISSERTATIO INAUGURALIS
QUAM
CONSENSU ET AUCTORITATE
AMPLISSIMI PHILOSOPHORUM ORDINIS
IN
ALMA LITTERARUM UNIVERSITATE FRIDERICA GUILELMA
BEROLINENSI
PRO
SUMMIS IN PHILOSOPHIA HONORIBUS
RITE CAPESSENDIS
DIE XIV. M. DECEMBRIS A. MDCCCLXVII
H. L. Q. S.
PUBLICE DEFENDET
AUCTOR
GEORGIUS CANTOR
PETROPOLITANUS.

ADVERSARII ERUNT:
M. SIMON, DR. PHIL.
M. HENOCH, DR. PHIL.
E. LAMPE, DR. PHIL.

BEROLINI
TYPIS CAROLI SCHULTZII
KOMMANDANTEN-STRASSE.

5 Titelblatt der Dissertation Cantors [Universitätsbibliothek Berlin]

und von Legendres „Théorie des nombres“ gelang es Cantor, die Lösungstheorie von Gauß in einem wesentlichen Punkte zu vervollständigen. Interessant und in bezug auf Cantors späteres Schaffen von bemerkenswertem Weitblick ist die dritte seiner anläßlich der Promotion verteidigten Thesen: „In re mathematica ars proponendi quaestionem pluris facienda est quam solvendi“. [18, S. 31] (In der Mathematik ist die Kunst der Fragestellung wichtiger als die der Lösung.) Gutachter der Arbeit Cantors war Kummer, als zweiter Gutachter fungierte Weierstraß. Im Gutachten Kummers hieß es u. a.:

Er [Cantor] zeigt ... eine gründliche Kenntniß und Einsicht in die neuesten Methoden der Zahlentheorie und eine gesunde Kritik. Sodann entwickelt er eine eigenthümliche Methode der Auflösung dieses Problems, welche dasjenige leisten soll, was er von einer vollendeten Lösung verlangt, und welche dieselbe in gewissem Sinne auch wirklich leistet. Nach meinem Urtheile ist die vorliegende Schrift als eine vorzügliche Leistung zu bezeichnen. [10, S. 83]

Die mündliche Prüfung Cantors fand am 14. 11. 1867 statt. Es prüften Kummer über Zahlentheorie, Weierstraß in Algebra und Funktionentheorie, Dove in Physik und Trendelenburg über die Grundzüge der Philosophie Spinozas. Als Prädikat von Dissertation und mündlicher Prüfung wurde „magna cum laude" (mit großem Lob) vergeben.

Cantor verblieb noch einige Zeit nach der Promotion in Berlin. Er legte 1868 die Staatsprüfung für das höhere Lehramt ab. „Es wird vermutet, daß er an einer Berliner Mädchenschule unterrichtet hat", heißt es in den einschlägigen Arbeiten über die anschließende Tätigkeit Cantors. [144, S. 6; 68, S. 454] Genauer ist wohl folgendes: Im Jahre 1855 war am Königlichen Friedrich-Wilhelms-Gymnasium in Berlin ein „Institut zur Ausbildung der Lehrer der Mathematik und Physik für Gymnasien und Realschulen" gegründet worden. Leiter des Seminars war der sehr verdienstvolle Pädagoge und Mathematiker Karl Schellbach, dessen Einfluß Felix Müller so kennzeichnete: „Mehr als hundert junge Mathematiker hatten das Glück, ihr Probejahr unter Schellbachs Leitung zu absolvieren." [151, S. 24]

Zu den Mathematikern, die an dieser Schule und am Seminar ihre Ausbildung genossen hatten, gehörten neben Cantor u. a. auch Alfred Clebsch, Franz Woepcke, Carl Neumann, Lazarus Fuchs, Hermann Amandus Schwarz und Arthur Schoenflies. Cantor hat also mit großer Wahrscheinlichkeit ein Probejahr als Pädagoge unter Schellbachs Leitung am Friedrich-Wilhelms-Gymnasium absolviert, ehe er die Hochschullaufbahn einschlug.

In Berlin gehörte Cantor auch dem „Mathematischen Verein" an und war von 1864 bis 1865 sogar dessen Vorsitzender. Eine kleinere Gruppe von Mathematikern, zu denen neben Cantor u. a. auch Henoch, Lampe, Mertens, Simon und Thomé gehörten, traf sich regelmäßig in einer Berliner Weinstube zu geistigem Austausch und Geselligkeit. Eine enge Freundschaft verband Cantor in seiner Berliner Zeit mit H. A. Schwarz.

Im Frühjahr 1869 verbrachte Cantor noch einige Wochen in Dietenmühle bei Wiesbaden. Die Mathematik hatte sein Denken jetzt weitgehend „mit Beschlag belegt“. In einem Brief an seine Schwester Sophie vom 7. 2. 1869 hieß es:

Ich sehe doch immer mehr ein, wie sehr mir meine Mathematik ans Herz gewachsen ist oder vielmehr, daß ich eigentlich dazu geschaffen bin, um in dem Denken und Trachten in dieser Sphäre Glück, Befriedigung und wahrhaften Genuß zu finden... Du wirst Dir denken können, daß sich diese Hoffnungen zunächst an Halle knüpfen; dort werde ich eine Wirksamkeit haben, welche sich ganz und gar auf meinen Beruf erstreckt, und ich werde dort vielleicht von selbst Anerkennung und Verständnis meiner Bestrebungen finden. [144, S. 7]

Die Mengenlehre entsteht

Die Universität Halle war Ende der sechziger Jahre des vorigen Jahrhunderts eine der kleineren und weniger bedeutenden preußischen Provinzuniversitäten mit einer relativ geringen Studentenzahl. Das Ordinariat der Mathematik bekleidete Eduard Heine, ein origineller und scharfsinniger Denker, der bedeutende Beiträge zur Funktionentheorie geleistet hat und dessen Name im Heine-Borelschen Überdeckungssatz verewigt ist. Es gab noch ein zweites mathematisches Ordinariat, und zwar für angewandte Mathematik (einschließlich Astronomie), welches der greise Otto August Rosenberger innehatte. Schwarz, Cantors Freund aus den

6 Cantor am Beginn seiner Hallenser Zeit [144]

Berliner Studientagen, war seit 1867 außerordentlicher Professor in Halle, wurde aber bereits im Frühjahr 1869 zum Ordinarius nach Zürich berufen. Er dürfte es gewesen sein, der die philosophische Fakultät in bezug auf seinen Nachfolger auf den jungen Cantor aufmerksam machte. Heine teilte „dem durch die Herren Prof. Schwarz, Kronecker und Weierstraß sehr gerühmten Dr. Cantor mit, daß hier ein Extraordinariat vakant sei für den Docenten, der Erfolge und Anerkennung finde". [1, Bd. 10, Bl. 70] Cantor habilitierte sich daraufhin im Frühjahr 1869 in Halle und wurde Privatdozent. Die Habilitationsschrift [20] beschäftigte sich ebenso wie die Doktordissertation mit einem Problem der Zahlentheorie, nämlich mit der Aufgabe, alle Transformationen zu bestimmen, die eine ternäre quadratische Form in sich überführen. Aus jener ersten arithmetischen Schaffensperiode Cantors, die auf Kummers und Kroneckers Einfluß zurückzuführen war, ist besonders noch die Arbeit „Über einfache Zahlensysteme" [19] von 1869 erwähnenswert. Euler hatte die Frage behandelt, die Anzahl C_n der möglichen Darstellungen einer natürlichen Zahl n durch ein vorgegebenes Zahlensystem $a_0, a_1, a_2 \ldots$ in der Form

$$n = \lambda_0 a_0 + \lambda_1 a_1 + \ldots \tag{1}$$

zu ermitteln, wobei $0 \leqq \lambda_i \leqq \alpha_i$ ist ($\alpha_i = \infty$ ist zugelassen). Cantor kehrte die Fragestellung um: Er suchte diejenigen Zahlensysteme $a_0, a_1, a_2, \ldots$, für die $C_n = 1$, d. h. für die die Darstellung (1) eindeutig ist. Sein Resultat ist das folgende: Jede natürliche Zahl n ist genau dann auf eine einzige Weise durch ein Zahlensystem $\{a_0, a_1, a_2, \ldots\}$ mit $a_k < a_{k+1}$ in der Form (1) darstellbar, wenn gilt: $a_0 = 1$, $a_1 = b_1$, $a_2 = b_1 b_2$, $a_3 = b_1 b_2 b_3, \ldots$; $b_i > 1$, $\lambda_i \leq b_{i+1} - 1$. Die Zahlen λ_i heißen dann die Ziffern von n in dem vorliegenden Zahlensystem. Wenn ein solches Zahlensystem gegeben ist, so läßt sich jede positive reelle Zahl r in der Form

$$r = \mu_0 + \frac{\mu_1}{b_1} + \frac{\mu_2}{b_1 b_2} + \frac{\mu_3}{b_1 b_2 b_3} + \ldots$$

mit $\mu_k \leqq b_{k+1} - 1$ für $k \geqq 1$, μ_i ganz darstellen. Für $b_k = 10$, $k = 1, 2, \ldots$ erhält man das Dezimalsystem, allgemein für $b_k = p$, $k = 1, 2, \ldots$ das p-adische Zahlsystem. Der Fall $b_k = k + 1$ liefert die Darstellung jeder positiven reellen Zahl r in der Form

$$r = \mu_0 + \sum_{k=1}^{\infty} \frac{\mu_k}{(k+1)!}\,. \tag{2}$$

Reihen der Form (2) heißen Cantorsche Reihen; sie spielen in der Theorie der Irrationalzahlen eine Rolle.
Heine erkannte sehr bald Cantors ungewöhnliches Talent. Er äußerte darüber im Kreise seiner Familie die prophetischen Worte: „Der Cantor wird einmal etwas Bedeutendes leisten, denn mit ungewöhnlichem Scharfsinn verbindet er eine ganz außerordentliche Phantasie!" [134, S. 270] Heine selbst beschäftigte sich 1868/69 intensiv mit der Theorie der trigonometrischen Reihen, insbesondere mit Fragen der gleichmäßigen Konvergenz und der Eindeutigkeit der Fourierentwicklung. Für Cantors Weg als Wissenschaftler war es von entscheidender Bedeutung, daß Heine ihn dazu anregte, Probleme der Eindeutigkeit der Fourierentwicklung aufzugreifen.
Es ist eine bemerkenswerte Tatsache in der Geschichte der Mathematik, daß die Theorie der trigonometrischen Reihen in der historischen Entwicklung mehrfach Ausgangspunkt für die Schaffung tiefliegender neuer Begriffe gewesen ist. Entstanden war die Frage nach der Entwickelbarkeit einer mit 2π periodischen Funktion in eine trigonometrische Reihe

$$\frac{a_0}{2} + \sum_{n=1}^{\infty} (a_n \cos nx + b_n \sin nx) \tag{3}$$

Mitte des 18. Jahrhunderts im Ergebnis eines Streites zwischen Euler und Daniel Bernoulli um die Form der allgemeinen Lösung des Problems der schwingenden Saite. Obwohl Euler in Spezialfällen die Bestimmung der Koeffizienten a_i, b_i gelungen war, blieb das Problem fast 70 Jahre offen. In seinem Werk „Théorie analytique de la chaleur" (Analytische Theorie der Wärme) von 1822 wurde Fourier bei der Lösung von Randwertaufgaben für die stationäre Wärmeleitungsgleichung ebenfalls auf die Frage nach der Entwicklung einer Funktion in eine trigonometrische Reihe geführt. Ihm gelang die Koeffizientenbestimmung im allgemeinen Fall; sein Konvergenzbeweis für die Fourierentwicklung ist allerdings nicht haltbar. Peter Gustav Lejeune Dirichlet gab 1829 Bedingungen an, unter denen die Fourierreihe einer Funktion $f(x)$ konvergiert und in allen Stetigkeitspunkten f darstellt. Bei dieser Untersuchung war er gezwungen, den Funktionsbegriff im Sinne einer beliebigen eindeutigen Zuordnung einzuführen und den Begriff der Stetigkeit exakt zu definieren. Obwohl auch andere Gelehrte, wie z. B. Lobatschewski, zum allgemeinen Funktionsbegriff vorgestoßen waren, so ist dieser doch erst durch die Autorität Dirichlets Allgemeingut der Mathematiker geworden. Bernhard Riemann hat 1854 in seiner Göttinger Habilitationsschrift die Dirichletsche Problemstellung gewissermaßen umgekehrt. Er ging von folgender Frage aus:

Wenn eine Funktion durch eine trigonometrische Reihe darstellbar ist, was folgt daraus über ihren Gang, über die Änderung ihres Wertes bei stetiger Änderung des Arguments? [162, S. 244]

Da zunächst über die Funktion $f(x)$ nichts vorausgesetzt war, mußte Riemann zuerst präzise definieren, was unter dem bestimmten Integral über f zu verstehen sei. Er führte deshalb in einem separaten Abschnitt das heute nach ihm benannte Riemann-Integral ein und gab sein bekanntes Integrabilitätskriterium an. Sind somit durch die Beschäftigung mit den trigonometrischen Reihen die grundlegenden Begriffe der Funktion und des Integrals erstmals hinreichend allgemein und exakt gefaßt worden, so waren es wiederum Fragen der Fourierentwicklung, aus denen Cantor die entscheidende Anregung für sein ganzes späteres Lebenswerk schöpfte.

In der Arbeit „Beweis, daß eine für jeden reellen Wert von x durch eine trigonometrische Reihe gegebene Funktion $f(x)$ sich nur auf eine einzige Weise in dieser Form darstellen läßt“, die 1870 im Crelleschen Journal erschien, behandelte Cantor die Eindeutigkeit der Fourierentwicklung. Mit Methoden, die sich unmittelbar an Riemann anlehnten, zeigte er, daß aus

$$\frac{c_0}{2} + \sum_{n=1}^{\infty} (c_n \cos nx + d_n \sin nx) = 0 \tag{4}$$

für alle x folgt, daß $c_i = 0$, $d_i = 0$ ist. Ein Jahr später veröffentlichte Cantor eine Notiz zu dieser Arbeit, in der er zeigte, daß der dort bewiesene Eindeutigkeitssatz erhalten bleibt, wenn man in einer Ausnahmemenge von endlich vielen Punkten die Konvergenz der Reihe in (4) aufgibt oder einen Wert $\neq 0$ zuläßt. Ein besonders glücklicher, möglicherweise durch eine Arbeit Hermann Hankels [94] angeregter Gedanke Cantors war es, sich die Frage vorzulegen, ob auch Ausnahmemengen von unendlich vielen Punkten möglich sind, und wenn ja, welcher Art diese Mengen dann sein müssen. Seine weitreichenden Resultate dazu veröffentlichte er 1872 in den Mathematischen Annalen unter dem Titel „Über die Ausdehnung eines Satzes aus der Theorie der trigonometrischen Reihen". Cantor mußte zunächst feststellen, daß die Theorie der reellen Zahlen noch nicht die exakte arithmetische Form hatte, die für seine Untersuchungen erforderlich war. So schrieb er in der Einleitung:

Zu dem Ende bin ich aber genötigt, wenn auch zum größten Teile nur andeutungsweise, Erörterungen voraufzuschicken, welche dazu dienen mögen, Verhältnisse in ein Licht zu stellen, die stets auftreten, sobald Zahlengrößen in endlicher oder unendlicher Anzahl gegeben sind; ... [24, S. 92]

Es folgt dann auf vier Druckseiten Cantors Theorie der reellen Zahlen, die allein hingereicht hätte, ihm einen Platz in der Geschichte der Mathematik zu sichern. Cantor geht von den rationalen Zahlen aus. Jede Folge $\{a_1, a_2, a_3, \ldots\}$ rationaler Zahlen, für die zu $\varepsilon > 0$ ein $n_0(\varepsilon)$ existiert mit $|a_{m+n} - a_n| < \varepsilon$ für $n \geqq n_0$ und jedes m, repräsentiert eine reelle Zahl. Solche Folgen bezeichnet man heute als Fundamentalfolgen. Dabei können diejenigen Fundamentalfolgen, die im vorgegebenen Bereich der rationalen Zahlen einen Grenzwert haben, mit diesem, d. h. jeweils mit einer rationalen Zahl identifiziert werden. Die Fundamentalfolgen, die keinen rationalen Grenzwert haben, repräsentieren die irrationalen Zahlen. Cantor definiert dann die Größenbeziehungen und die Rechenoperationen in dem neuen Zahlbereich. Er bemerkt, daß der neue Zahlbereich vollständig ist, d. h., in ihm gebildete Fundamentalfolgen führen nicht zu weiteren neuen Zahlen. Um schließlich den Zusammenhang dieser arithmetischen Theorie mit dem anschaulichen Kontinuum, welches uns die Geometrie der Geraden liefert, herzustellen, führt Cantor eine Koordinate auf der Geraden ein und zeigt, daß jedem Punkt der Geraden eine reelle Zahl entspricht. Daß auch umgekehrt jedem der neu konstruierten Objekte, d. h. jeder reellen Zahl, ein Punkt der Geraden entspricht, muß als eine zusätzliche Forderung der Theorie hinzugefügt werden: „Ich nenne diesen Satz ein Axiom, weil es in seiner Natur liegt, nicht allgemein beweisbar zu sein." [24, S. 97] Später ist dieses Axiom nach Cantor und Dedekind benannt worden.

Das Problem, die Theorie der reellen Zahlen exakt arithmetisch zu begründen, war seit der Entdeckung des Irrationalen in der pythagoräischen Schule um 450 v. u. Z. offen. Eine erste, wenn auch in wesentlichen Punkten noch unvollständige Theorie hatte

Bernard Bolzano entwickelt; sie war allerdings nicht veröffentlicht und ist so historisch nicht wirksam geworden. Weierstraß hatte bereits in den sechziger Jahren des vorigen Jahrhunderts in seinen Vorlesungen die reellen Zahlen mittels Reihen von rationalen Zahlen (z. B. Dezimalbruchentwicklungen) eingeführt; auch er hat darüber nichts veröffentlicht. Einige Andeutungen dieser Theorie publizierte sein Schüler Ernst Kossak 1872. Die erste veröffentlichte Theorie stammt von dem französischen Mathematiker Charles Méray aus dem Jahre 1869. Sie beruhte wie die Cantorsche Theorie auf Fundamentalfolgen, ist damals aber weitgehend unbekannt geblieben. Den Durchbruch in der mathematischen Öffentlichkeit erzielten Cantor und unabhängig von ihm Dedekind, der ebenfalls 1872 in der kleinen Schrift „Stetigkeit und irrationale Zahlen" eine arithmetische Begründung der reellen Zahlen vorlegte. Dedekinds Theorie beruht auf der schon von Eudoxos von Knidos um 380 v. u. Z. konzipierten Idee des Schnittes (vgl. [153]). Die Theorien von Cantor und Dedekind sind für den Bereich der reellen Zahlen äquivalent, Cantors Theorie ist jedoch wesentlich verallgemeinerungsfähiger und spielt heute als Vervollständigungsprinzip in der Topologie und Funktionalanalysis die dominierende Rolle.

Neben der Theorie der reellen Zahlen entwickelte Cantor in der genannten Arbeit von 1872 einen der grundlegenden Begriffe der mengentheoretischen Topologie, den Begriff der Ableitung einer Punktmenge. Cantor betrachtet als Punktmengen Teilmengen des Linearkontinuums, d. h. Teilmengen der Menge der reellen Zahlen. Ist P eine solche Punktmenge, so bezeichnet Cantor die Menge aller ihrer Häufungspunkte als ihre erste Ableitung P'. Gemäß $P^{(n)} = (P^{(n-1)})'$ können höhere Ableitungen einer Punktmenge eingeführt werden. Cantor nennt eine Punktmenge von der n-ten Art, wenn $P^{(n+1)}$ überhaupt keine Punkte mehr enthält. Sein fundamentales Resultat bezüglich der Eindeutigkeit der Fourierentwicklung lautet dann folgendermaßen: Der Eindeutigkeitssatz bleibt auch dann noch bestehen, wenn man als Ausnahmemenge eine Punktmenge n-ter Art (n eine beliebige natürliche Zahl) zuläßt. Dieses Ergebnis wurde 1908 von Felix Bernstein und William Henry Young auf beliebige abzählbare Ausnahmemengen erweitert. 1927 zeigte die sowjetische Mathematikerin N. Bary, daß auch gewisse nichtabzählbare Ausnahmemengen zulässig sind.

Der Prozeß der Bildung sukzessiver Ableitungen einer Punktmenge führte nun Cantor – und das ist der eigentliche Ursprung der Mengenlehre – zur Idee der transfiniten Ordnungszahl. Bildet man nämlich die Folge der Ableitungen P', P'', P''', ... einer Punktmenge P, so gilt $P' \supseteq P'' \supseteq P''' \supseteq \ldots$ und die Menge derjenigen Punkte, die in allen $P^{(n)}$ enthalten sind, kann als Ableitung der Ordnung ∞ aufgefaßt werden: $\bigcap_n P^{(n)} = P^{(\infty)}$. ∞ ist dann die erste transfinite Ordnungszahl, für die Cantor später ω schrieb. Diese Punktmenge $P^{(\infty)}$ wird erneut abgeleitet, man erhält so $P^{(\infty+1)}$, $P^{(\infty+2)}$, usw. und zählt in den Ableitungsordnungen auf diese Weise gewissermaßen über die Gesamtmenge der natürlichen Zahlen hinaus. Dieser hier nur angedeutete Gedankengang wird in der Cantorschen Veröffentlichung von 1872 nicht erwähnt. Wir wissen aber von Cantor selbst, daß er etwa ab 1870 diese Idee besaß und daß somit seine bald danach einsetzende und die gesamte Mathematik revolutionierende Beschäftigung mit unendlichen Mengen von dieser Anregung ausgegangen ist. [29, S. 358, Fußnote]

Die äußere Stellung Cantors in Halle gestaltete sich bei weitem nicht so erfreulich wie sein wissenschaftlicher Werdegang. Neben Cantor wirkte seit 1867 noch der Funktionentheoretiker Thomae als Privatdozent in Halle, der sich ebenfalls Hoffnung auf das freie Extraordinariat machte. Heine schlug, nachdem er Cantor zur Habilitation in Halle bewogen hatte, in einem Gutachten vom Mai 1869 für die Zukunft folgende salomonische Lösung vor:

> Sollten unsere beiden Privatdocenten sich in gleicher Weise tüchtig erweisen, sollten beide Anerkennung bei den Gelehrten finden, da würde, meines Erachtens, nach den nunmehr getroffenen Einleitungen nur übrig bleiben, sie beide zu befördern, und die Einkünfte der Professur so lange unter sie zu theilen, bis der eine fortberufen wird. Bei der Gründung neuer polytechnischer Anstalten, bei dem wachsenden Umfang der Wissenschaft, die eine stärkere Vertretung an den Universitäten fordert, wird dies voraussichtlich nicht zu lange dauern; ... [1, Bd. IX, Bl. 134]

Im Februar 1871 richtete Thomae ein Gesuch an das Ministerium, ihm das Extraordinariat zu übertragen. In der Stellungnahme der Fakultät wird beantragt, Thomae und Cantor gleichzeitig zu berufen. In dem entsprechenden Gutachten vom März 1871 heißt es in bezug auf Cantor:

> Wenn auch wenige Arbeiten von ihm vorliegen, so zeichnen sich doch die-

selben durch nicht gewöhnlichen Scharfsinn und durch sehr präcise Fassung aus, und erledigen oder fördern einige nicht unwesentliche Fragen. [1, Bd. X, Bl. 69]

Das Kultusministerium ließ sich mit der Entscheidung Zeit. Erst im April 1872 wandte sich der Minister an den Kaiser mit der Bitte, in Halle ein zweites Extraordinariat für Mathematik errichten zu dürfen. Nachdem das genehmigt war, wurde Thomae im Mai 1872 mit dem vollen Gehalt von 500 Talern berufen. Am 16. Mai 1872 wurde Cantor ebenfalls zum Extraordinarius ernannt, aber ohne einen Pfennig Gehalt. [1, Bd. X, Bl. 143] Der für alle Extraordinarien gleiche Text der Bestallungsurkunde ist ein interessantes Zeitdokument und zeigt uns die fachlichen und politischen Forderungen an einen Professor im Preußen Wilhelms I.:

Nachdem ich den bisherigen Privatdocenten Dr. Georg Cantor zum außerordentlichen Professor in der philosophischen Fakultät der Universität zu Halle ernannt habe, ertheile ich ihm die gegenwärtige Bestallung, durch welche derselbe verpflichtet wird, das ihm anvertraute Lehramt fleißig wahrzunehmen, zu dem Ende die studirende Jugend durch Vorträge sowohl als Examina und Disputir-Uebungen zu unterrichten, alle halbe Jahre ein Collegium über einen Zweig der von ihm zu lehrenden Wissenschaften unentgeltlich zu lesen, sowie auch für jedes Semester mindestens eine Privatvorlesung in seinem Fache anzukündigen und sich nebst seinen Collegen die Aufnahme und das Beste der Universität aufs Aeußerste angelegen sein zu lassen, überhaupt aber sich so zu betragen, wie es einem treuen und geschickten Königlichen Diener und Professor wohl ansteht und gebührt. Für die von ihm zu leistenden treuen Dienste soll derselbe aller in dieser Eigenschaft ihm zustehenden Prärogative und Gerechtsamen sich zu erfreuen haben. [1, Bd. X, Bl. 143]

Der letzte Satz mag Cantor in Anbetracht des fehlenden Gehaltes wie Hohn vorgekommen sein. Als im darauffolgenden Etatsjahr immer noch kein Gehalt festgelegt worden war, tat Cantor einen ungewöhnlichen Schritt: Er stellte am 1. Juli 1873 den Antrag, zu Ende des Semesters sein Extraordinariat niederzulegen. In dem Begleitschreiben des Universitätskurators an den Minister zu Cantors Antrag heißt es:

Einen Grund, welcher ihn zu diesem Schritt veranlaßt, hat er zwar nicht angeführt, indessen liegt derselbe offenbar darin, daß ihm nicht, wie er (und ich mit ihm) erwartet hatte, für dieses Jahr ein Gehalt ausgesetzt worden ist. [1, Bd. XI, Bl. 69]

Nun endlich wurde Cantor ein Jahresgehalt von 400 Talern bewilligt, worauf er sein Rücktrittsgesuch zurückzog.

7 Vally Cantor, geb. Guttmann [144]

Im Frühjahr 1874 verlobte sich Cantor mit Vally Guttmann. Er hatte sie im mütterlichen Hause als Freundin seiner Schwester Sophie kennengelernt. Sie stammte aus einer Kaufmannsfamilie, war mit 10 Jahren Waise geworden und wuchs bei ihrem wesentlich älteren Bruder auf, der in Berlin als Arzt tätig war. Vally Guttmann war hochmusikalisch, besuchte ein Konservatorium und galt dort „als eine der besten Schülerinnen für Klavier und Gesang". [157, S. 15] Die Ehe zwischen ihr und Georg Cantor, die im Sommer 1874 geschlossen wurde, beruhte auf tiefer gegenseitiger Zuneigung. Aus ihr gingen sechs Kinder hervor: Else (1875–1954), Gertrud (1877–1956), Erich (1879–1962), Anne-Marie (1882 bis 1920), Margarethe (1885–1956) und Rudolf (1887–1899). Die Eltern sorgten für eine allseitige und gediegene Bildung aller ihrer Kinder. Spezifisch wissenschaftliche Begabungen sind bei ihnen nicht vorhanden gewesen. Else Cantor ist als Sängerin mit eigenen

Konzerten hervorgetreten. Später war sie eine weithin bekannte Musikpädagogin.

Für Cantors weitere wissenschaftliche Entwicklung war die persönliche Bekanntschaft mit Dedekind, den er auf einer Reise in die Schweiz 1872 in Gersau zufällig traf, äußerst bedeutungsvoll. Der sich nach dieser Begegnung anbahnende Briefwechsel zwischen Cantor und Dedekind dokumentiert Cantors erste Schritte bei der systematischen Untersuchung unendlicher Mengen. In ihm enthüllt sich uns Cantors Suchen und Tasten, seine Entdeckerfreude und seine Überraschung über ungeahnte Resultate, aber auch sein Ringen mit den beträchtlichen und ungewohnten Schwierigkeiten des neuen Stoffs. Dedekind ermutigte ihn und steuerte selbst manchen wertvollen Gedanken bei.

Dedekind war ein Mathematiker, der den Wert möglichst klarer und umfassender Begriffsbildungen für den Fortschritt in der Mathematik und für ihre strenge Begründung hoch einschätzte und sich nicht scheute, für seine Zeitgenossen ungewohnte abstrakte Begriffe einzuführen, wo ihm das notwendig erschien. In diesem Punkte war er Cantor geistesverwandt. Im Stil unterschieden sie sich: Dedekinds Arbeiten atmen die Ruhe und das Gleichmaß seiner Persönlichkeit – ausgearbeitet und wohl abgewogen bis ins Detail, die überwundenen Schwierigkeiten nicht mehr erkennen lassend. Cantors Arbeiten und Briefe verraten den raschen und impulsiven Denker, den in Phasen hoher Produktivität die Ideen überströmten. Sie zeigen uns Cantor als Kämpfer für seine neuen und ungewohnten Gedanken, zuweilen mit ruhiger Überzeugungskraft, zuweilen mit temperamentvoller Polemik. Cantor und Dedekind bewahrten sich ein Leben lang Freundschaft und gegenseitige Wertschätzung. Dedekind hat neben seinen bahnbrechenden Arbeiten über algebraische Zahlentheorie, die den Übergang der modernen Mathematik zum strukturellen Denken wesentlich mitgeprägt haben, später selbst bedeutende Beiträge zur Mengenlehre geleistet.

Die ersten Anhaltspunkte in bezug auf Cantors Überlegungen zum Problem der Abzählbarkeit entnehmen wir einem Brief an Dedekind vom 29. November 1873. Daraus geht hervor, daß Cantor wußte, daß man eine eineindeutige Zuordnung zwischen der Menge der rationalen Zahlen und der Menge der natürlichen Zahlen herstellen kann, oder wie man heute sagt, daß die Menge der rationalen Zahlen abzählbar ist. Cantor wußte auch, daß allgemeiner die Menge $\{(n_1, n_2, \ldots n_k)\}$ aller endlichen Indexfolgen, in der $k, n_1, n_2, \ldots, n_k$ beliebige natürliche Zahlen sind, eine abzählbare Menge ist, woraus sich leicht die Abzählbarkeit der Menge der algebraischen Zahlen ergibt.

Schon Galilei war die bemerkenswerte Tatsache aufgefallen, daß es zwischen den Elementen einer unendlichen Menge und den Elementen einer ihrer echten Teilmengen eine umkehrbar eindeutige Zuordnung geben kann. In seinen „Discorsi" stellt er fest, daß „weder die Anzahl der Quadratzahlen kleiner als die Gesamtheit aller natürlichen Zahlen noch letztere größer als die erste" ist. [184, S. 107] Genauer beschäftigte sich mit solchen scheinbar paradoxen Erscheinungen Bolzano in seinen „Paradoxien des Unendlichen", die 1851, drei Jahre nach seinem Tod, erschienen. Dort heißt es z. B.:

Ich behaupte nämlich: zwei Mengen, die beide unendlich sind, können in einem solchen Verhältnis zueinander stehen, daß es einerseits möglich ist, jedes der einen Menge gehörige Ding mit einem der anderen zu einem Paare zu verbinden mit dem Erfolg, dass kein einziges Ding in beiden Mengen ohne Verbindung zu einem Paare bleibt, und auch kein einziges in zwei oder mehreren Paaren vorkommt; und dabei ist es doch andererseits möglich, dass die eine dieser Mengen die andere als einen blossen Theil in sich fasst, . . ." [11, S. 28/29]

Bolzanos Ziel war es, zu zeigen, daß die im Begriffe des Unendlichen von den verschiedenen Denkern der Vergangenheit gesuchten Widersprüche gar nicht vorhanden sind, wenn man das Unendliche nur begrifflich-mathematisch scharf zu fassen sucht. Cantor hat dieses Bemühen Bolzanos in späteren Arbeiten sehr hoch eingeschätzt, hat dabei aber auch Bolzanos Grenzen deutlich herausgearbeitet.

Hatten sich die rationalen Zahlen und sogar die algebraischen Zahlen als abzählbar erwiesen, so erhob sich für Cantor jetzt ganz naturgemäß die Frage, ob etwa alle Mengen abzählbar sind, z. B. ob das Kontinuum, d. h. die Menge der reellen Zahlen, abzählbar ist. Diese Frage legte er in dem genannten Brief vom 29. 11. 1873 Dedekind vor:

Gestatten Sie mir, Ihnen eine Frage vorzulegen, die für mich ein gewisses theoretisches Interesse hat, die ich mir aber nicht beantworten kann; vielleicht können Sie es, und sind so gut, mir darüber zu schreiben, es handelt sich um folgendes.

Man nehme den Inbegriff aller positiven ganzzahligen Individuen n [später ersetzte Cantor das Wort „Inbegriff" durch „Mannigfaltigkeit" und schließlich durch „Menge"] und bezeichne ihn mit (n); ferner denke man sich etwa den Inbegriff aller positiven reellen Zahlengrössen x und bezeichne ihn mit (x); so ist die Frage einfach die, ob sich (n) dem (x) so zuordnen lasse, dass zu jedem Individuum des einen Inbegriffes ein und nur eines des andern gehört? Auf den ersten Anblick sagt man sich, nein es ist nicht möglich, denn (n) besteht aus discreten Theilen, (x) aber bildet ein Continuum; nur ist mit diesem Einwande nichts gewonnen und so sehr ich mich auch zu der Ansicht neige, dass (n) und (x) keine eindeutige Zuordnung gestatten, kann ich doch den Grund nicht finden und um den ist es mir zu thun, vielleicht ist er ein sehr einfacher. [45, S. 12]

Dedekinds Antwortbriefe aus dieser ersten Zeit des Briefwechsels liegen leider nicht mehr vor. Er hat sich aber über den Briefwechsel Aufzeichnungen gemacht [45, S. 18–20], aus denen man den Kern seiner Antworten rekonstruieren kann. Auf die vorgelegte Frage konnte Dedekind keine Antwort geben. Er war der Meinung, daß sie nicht allzuviel Mühe verdiene, da sie kein besonderes praktisches Interesse habe. Cantor stimmt in einem Brief vom 2. 12. 1873 dieser Meinung sogar zu und fährt dann fort:

Es wäre nur schön, wenn sie beantwortet werden könnte; z. B. vorausgesetzt dass sie mit *nein* beantwortet würde, wäre damit ein neuer Beweis des Liouvilleschen Satzes geliefert, dass es transcendente Zahlen giebt. [45, S. 13]

Cantor befaßte sich nun intensiv mit dem Problem, und bereits am 7. Dezember 1873 konnte er Dedekind einen Beweis dafür mitteilen, daß die Menge der positiven reellen Zahlen < 1 sich nicht eineindeutig auf die Menge der natürlichen Zahlen abbilden läßt. Heute führt man diesen Beweis nach dem von Cantor später angegebenen Diagonalverfahren. Cantors erster Beweis beruhte auf der Konstruktion einer Intervallschachtelung, in der mindestens eine Zahl η liegt, die in der als Folge $\{ w_1, w_2, w_3, .. \}$ angenommenen Menge der reellen Zahlen $\in$ (0,1) nicht vorkommt. In seiner Antwort anerkannte Dedekind die Exaktheit des Beweises und beglückwünschte Cantor zu dem schönen Resultat.

Ende Dezember 1873 hatte Cantor in Berlin Gelegenheit, seinem Lehrer Weierstraß die erzielten Ergebnisse vorzutragen. Dieser hat ihn ermuntert, sie zu veröffentlichen. So entstand die Arbeit „Über eine Eigenschaft des Inbegriffes aller reellen algebraischen Zahlen" [25], die 1874 im Crelleschen Journal erschien. Im ersten Paragraphen beweist Cantor die Abzählbarkeit der Menge der algebraischen Zahlen, im zweiten steht sein Hauptresultat, daß das Kontinuum (0,1) nicht abzählbar ist. Als Schlußfolgerung gewinnt Cantor einen Beweis für die Existenz transzendenter Zahlen. In heutiger Symbolik sind seine Überlegungen dazu folgende: Sei A die Menge der algebraischen Zahlen $\in (0,1)$, T die Menge der transzendenten Zahlen $\in (0,1)$ und N die Menge der natürlichen Zahlen, so gilt $(0,1) = A \cup T$, $A \cap T = \emptyset$. Bezeichnen wir nach einer 1878 von Cantor eingeführten Sprechweise zwei Mengen M und N als äquivalent oder von gleicher Mächtigkeit, in Zeichen $M \sim N$, wenn es zwischen M und N eine eineindeutige Abbildung gibt, so kann wegen $A \sim N$, (0,1) nicht äquivalent N die Menge T nicht leer sein. Also gibt es transzendente Zahlen. Es ist sogar $T \sim (0,1)$. Dedekind kommentierte diese Veröffentlichung in seinen Aufzeichnungen mit den Worten:

> Die von mir ausgesprochene Meinung, dass die erste Frage [die Frage, ob das Kontinuum abzählbar ist oder nicht] nicht zu viel Mühe verdiene, weil sie kein besonderes practisches Interesse habe, ist durch den von Cantor gelieferten Beweis für die Existenz transcendenter Zahlen (Crelle Bd. 77) schlagend widerlegt. [45, S. 18]

In dieser Arbeit erfuhr die mathematische Öffentlichkeit erstmals die überraschende Tatsache, daß es verschiedene Stufen des Unendlichen gibt, die einer mathematischen Analyse zugänglich sind. Das beinhaltete eine prinzipiell neue Auffassung vom Unendlichen in der Mathematik, nämlich die Anerkennung aktual unendlicher Mengen.

Dedekind war vermutlich der einzige, der das wirklich erkannte. Selbst Weierstraß hatte bei seiner Anregung zur Veröffentlichung vor allem den Satz über die algebraischen Zahlen im Auge gehabt, woraus sich auch die irreführende Wahl der Überschrift durch Cantor erklären läßt. In der Rezension der Arbeit [25] im „Jahrbuch über die Fortschritte der Mathematik“, die von dem Kronecker-Schüler Eugen Netto stammt, wird lediglich der Inhalt der beiden Paragraphen kurz angegeben, obwohl wertende Besprechungen damals durchaus üblich waren. Man gewinnt aus der Rezension den Eindruck, daß Cantor hier zwei kleine Sätzchen bewiesen hat, die nun neben Tausenden anderen auch zum Besitzstand der Mathematik gehören. Es findet sich nicht die Spur eines Hinweises, daß diese Resultate von fundamentaler Bedeutung für die Auffassung des Unendlichen in der Mathematik sind.

Die erste systematische Analyse des Begriffs des Unendlichen versuchte Aristoteles im 4. Jahrhundert v. u. Z. Er war der Ansicht, daß das Unendliche nur der Potenz nach existiere, d. h. als unbegrenzt fortsetzbarer Prozeß. Die natürlichen Zahlen z. B. repräsentieren nach Meinung von Aristoteles das Unendliche nur in dem Sinne, daß man zu jeder Zahl eine größere finden kann; es gibt keine Grenze, man kann immer weiter zählen. Analoges gilt auch für das Unendlich-Kleine, für einen unbegrenzt fortsetzbaren Teilungsprozeß. Aristoteles lehnte es ab, die Menge der unendlich vielen natürlichen Zahlen als wirklich existierende Gesamtheit, als aktual unendliche Menge zu betrachten. „Infinitum actu non datur" (ein aktuales Unendlich gibt es nicht) – das war die Grundthese des Aristoteles, die bis ins 19. Jahrhundert die Mathematik beherrschte. Besonders gestützt wurde sie noch durch die Autorität von Gauß, der in einem Brief an Schumacher geschrieben hatte:

... so protestire ich ... gegen den Gebrauch einer unendlichen Grösse als einer Vollendeten, welcher in der Mathematik niemals erlaubt ist. Das Unendliche ist nur eine façon de parler [Redensart], indem man eigentlich von Grenzen spricht, denen gewisse Verhältnisse so nahe kommen als man will, während andern ohne Einschränkung zu wachsen verstattet ist. [73, Bd. VIII, S. 216]

Nach dem ersten großen Erfolg bei der Untersuchung unendlicher Mengen war es natürlich, daß Cantor im Unendlichen weitere Differenzierungen suchte. Naheliegend war der Gedanke, daß z. B. ein zweidimensionales Kontinuum, etwa das Einheitsquadrat, sich nicht eineindeutig auf ein eindimensionales Kontinuum abbilden lasse und somit gegenüber den beiden von Cantor bereits gefundenen Typen unendlicher Mengen einen neuen Typus einer solchen Menge darstellen könne. Bereits am 5. Januar 1874 schrieb Cantor an Dedekind:

Was die Fragen anbetrifft, mit denen ich in der letzten Zeit mich beschäftigt habe, so fällt mir ein, dass, in diesem Gedankengange auch die folgende sich darbietet:
Lässt sich eine Fläche (etwa ein Quadrat mit Einschluss der Begrenzung) eindeutig auf eine Linie (etwa eine gerade Strecke mit Einschluss der Endpunkte) eindeutig beziehen, so dass zu jedem Puncte der Fläche ein Punct der Linie und umgekehrt zu jedem Puncte der Linie ein Punct der Fläche gehört?
Mir will es im Augenblick noch scheinen, dass die Beantwortung dieser Fra-

gen, – obgleich man auch hier zum *Nein* sich so gedrängt sieht, dass man den Beweis dazu fast für überflüssig halten möchte, – grosse Schwierigkeiten hat. [45, S. 20/21]

Mehr als drei Jahre später, am 20. Juni 1877 kann Cantor die Lösung des Problems an Dedekind mitteilen. Die Antwort auf die gestellte Frage lautet Ja, „obgleich ich jahrelang das Gegentheil für richtig gehalten". Cantors Grundgedanke ist folgender: Er stellt die Koordinaten x_1, x_2 des Quadrats durch unendliche Dezimalbrüche dar, $x_1 = 0{,}a_1^{(1)}a_2^{(1)}a_3^{(1)} \ldots$, $x_2 = 0{,}a_1^{(2)}a_2^{(2)}a_3^{(2)} \ldots$ und „mischt" die Ziffern, um eine eindimensionale Koordinate $y = 0{,}a_1^{(1)}a_1^{(2)}a_2^{(1)}a_2^{(2)}a_3^{(1)}a_3^{(2)} \ldots$ zu erhalten.

Die Zuordnung ist also durch

$$\left|\begin{matrix} 0{,}a_1^{(1)}a_2^{(1)}a_3^{(1)} \ldots \\ 0{,}a_1^{(2)}a_2^{(2)}a_3^{(2)} \ldots \end{matrix}\right| \longleftrightarrow 0{,}a_1^{(1)}a_1^{(2)}a_2^{(1)}a_2^{(2)}a_3^{(1)}a_3^{(2)} \ldots$$

charakterisiert. So wird z. B. dem Punkt $(\frac{1}{7};\frac{1}{3}) = (0{,}\overline{142857}\,;\,0{,}\overline{3})$ des Quadrates der Punkt $y = 0{,}13432383537313\ldots$ der Strecke zugeordnet. In analoger Weise kann auch ein n-dimensionales Gebiet auf eine Strecke abgebildet werden. In seiner Antwort machte Dedekind Cantor auf eine Unzulänglichkeit aufmerksam: Wenn man, wie es ja für die eindeutige Darstellung der Punkte erforderlich ist, die Dezimalbruchentwicklung eindeutig macht, indem man etwa 0,2 als 0,1999 . . . schreibt, so hat z.B. $y = 0{,}210603040\ldots$ kein Urbild im Quadrat, denn das Urbild wäre (0,2000. . .; 0,1684. . .), was nicht zulässig ist.

Cantor erkennt das an. Durch Übergang zu Kettenbruchentwicklungen zeigt er die Möglichkeit einer eineindeutigen Zuordnung zwischen dem Einheitsquadrat und der Menge aller irrationalen Zahlen zwischen 0 und 1. Damit hat er sogar noch mehr bewiesen als ursprünglich behauptet. Den Übergang zum vollen Intervall [0,1] kann Cantor herstellen, indem er zeigt, daß $[0,1] \sim [0,1] - A$, wo A eine abzählbare Teilmenge von [0,1] ist. Er bedauert jedoch, daß der Beweis dadurch insgesamt wesentlich komplizierter geworden sei, und fügt hinzu:

Vielleicht findet sich später, dass die fehlende Stelle in jenem Beweise sich einfacher erledigen lässt, als es momentan in meinen Kräften stehen würde. [45, S. 29]

Diese Hoffnung erfüllte später Julius König durch einen ganz einfachen Trick: Man mischt nicht die Ziffern der beiden Dezimalbrüche, sondern Ziffernblöcke, in denen man immer bis zur nächsten von 0 verschiedenen Ziffer geht. So gehört zu dem Punkt

$\begin{Bmatrix} 0{,}2500738\ldots \\ 0{,}1004033\ldots \end{Bmatrix}$ des Quadrats der Punkt 0,21500400703338...

der Strecke und umgekehrt.

Cantor teilte seinen neuen Beweis Dedekind sofort mit und wartete mit Ungeduld auf eine Reaktion. Am 29. Juni 1877 schrieb er an Dedekind:

> Entschuldigen Sie es gütigst meinem Eifer für die Sache, wenn ich Ihre Güte und Mühe so oft in Anspruch nehme; die Ihnen jüngst von mir zugegangenen Mittheilungen sind für mich selbst so unerwartet, so neu, dass ich gewissermassen nicht eher zu einer gewissen Gemüthsruhe kommen kann, als bis ich von Ihnen, sehr verehrter Freund, eine Entscheidung über die Richtigkeit derselben erhalten haben werde. Ich kann, so lange sie mir nicht zugestimmt haben, nur sagen: je le vois, mais je ne le crois pas [ich sehe es, aber ich glaube es nicht]. [45, S. 34]

Am 2. Juli kommt die erlösende Antwort:

> Ihren Beweis habe ich noch einmal geprüft, und ich habe keine Lücke darin entdeckt; ich glaube gewiss, dass Ihr interessanter Satz richtig ist, und beglückwünsche Sie zu demselben. [45, S. 37]

Dedekind wandte sich allerdings gegen die Konsequenz, die Cantor aus seinem Satz für den Dimensionsbegriff gezogen hatte. Cantor hatte nämlich geschrieben:

> Vielmehr wird der Unterschied, welcher zwischen Gebilden von *verschiedener* Dimension liegt, in ganz anderen Momenten gesucht werden müssen, als in der für charakteristisch gehaltenen Zahl der unabhängigen Coordinaten. [45, S. 34]

Dedekind erkannte sofort, daß eine eineindeutige Abbildung zwischen Kontinua verschiedener Dimension nicht stetig sein kann; er schrieb an Cantor:

> Ich glaube nun vorläufig an den folgenden Satz: Gelingt es, eine gegenseitige eindeutige und vollständige Correspondenz zwischen den Puncten einer stetigen Mannigfaltigkeit A von a Dimensionen einerseits und den Puncten einer stetigen Mannigfaltigkeit B von b Dimensionen andererseits herzustellen, so ist diese *Correspondenz selbst*, wenn a und b *ungleich* sind, nothwendig eine *durchweg unstetige*. [45, S. 38]

Cantor versuchte später, diesen Satz zu beweisen. Sein 1879 publizierter Beweis [27] ist jedoch lückenhaft. Ein vollständiger Beweis des für die Dimensionstheorie grundlegenden Satzes gelang erst

1911 L. E. J. Brouwer, nachdem wichtige Spezialfälle vorher von Jacob Lüroth erledigt worden waren. [15]

Bei der Veröffentlichung der Ergebnisse über die Gleichmächtigkeit verschiedendimensionaler Kontinua spürte Cantor erstmalig den Widerstand gegen seine Ideen. Er hatte die Publikation unter dem Titel „Ein Beitrag zur Mannigfaltigkeitslehre" am 12. Juli 1877 beim Crelleschen Journal eingereicht. Damals war es üblich, daß die eingereichten Beiträge innerhalb weniger Wochen erschienen. Als die Arbeit im November immer noch nicht gedruckt war, wollte sie Cantor zurückziehen und als separate Schrift publizieren. Dedekind konnte ihn jedoch von dieser Absicht abbringen, so daß der Artikel schließlich 1878 im Bd. 84 des Crelleschen Journals erschien. Die Verzögerung war vermutlich auf Kronecker zurückzuführen, der erheblichen Einfluß in der Redaktion des Crelleschen Journals hatte und der später einer der führenden und einflußreichsten Widersacher Cantors war.

Kronecker vertrat bezüglich der Grundlegung der Mathematik Ansichten, die in vielen Punkten die Konzeptionen des Intuitionismus vorwegnahmen. Er sah es als das höchste Ziel an, die gesamte Mathematik zu arithmetisieren, d. h., sie auf die sogenannte allgemeine Arithmetik zurückzuführen. Unter allgemeiner Arithmetik verstand er die Theorie der ganzen Zahlen und die Theorie der Polynomringe mit ganzzahligen Koeffizienten. „Die ganzen Zahlen hat der liebe Gott gemacht, alles andere ist Menschenwerk", war sein Wahlspruch. [191, S. 23] Er war davon überzeugt, daß „alle Ergebnisse der tiefsinnigsten mathematischen Forschung schließlich in jenen einfachen Formen ganzer Zahlen ausdrückbar sein müssen". [128, Bd. 3/1, S. 274] Insbesondere wollte er „die Hinzunahme der irrationalen sowie der continuirlichen Grössen wieder abstreifen. . ." [ebenda, S. 253] Von den Schlußweisen, die zum Aufbau der Mathematik auf der so fixierten Grundlage erforderlich sind, verlangte Kronecker, daß sie finit und konstruktiv sind. Alle Definitionen müssen entscheidbar sein, d. h., es muß ein Verfahren geben, welches es ermöglicht, in endlich vielen Schritten zu entscheiden, ob ein Objekt der gegebenen Definition entspricht oder nicht. Existenz bedeutet Konstruierbarkeit durch ein finites Verfahren. Es ist Kronecker gelungen, einige der von ihm entwickelten Theorien in diesem Sinne konstruktiv zu gestalten, z. B. die Idealtheorie in algebraischen Zahlkörpern. Im

8a Richard Dedekind
8b Leopold Kronecker [Gesammelte Werke, Bd. I]

allgemeinen jedoch gelang das nicht, insbesondere hat er sich bei seinen berühmten Arbeiten über elliptische Funktionen völlig auf die traditionelle Analysis gestützt. Es ist festzuhalten, daß eine Beschränkung der zulässigen Hilfsmittel, wie Kronecker sie vornahm, auch positive Seiten hat und zu interessanten methodischen Fortschritten führen kann. Einige von Kroneckers Ideen sind gerade in neuester Zeit ganz aktuell geworden. Man darf solche Beschränkungen jedoch nicht verabsolutieren, zum allgemeinen Wertmaßstab erheben und anderen aufzwingen wollen. Das jedoch tat Kronecker, wodurch er in Gegensatz zu Dedekind, Weierstraß und vor allem zu Cantor geriet. Hilbert schilderte später die Situation so:

Damals haben wir jungen Mathematiker ... den Sport getrieben, auf transfinitem Wege geführte Beweise nach Kroneckers Muster ins Finite zu übertragen. Kronecker machte nur den Fehler, die transfinite Schlußweise für unzulässig zu erklären. [105, S. 487]

In einem Vortrag nannte Hilbert Kronecker sogar „den klassischen Verbotsdiktator". [106, Bd. III, S. 161] Für Kronecker war ein Beweis, wie ihn Cantor z. B. für die Existenz transzendenter Zahlen geführt hatte (vgl. S. 31) die reinste Ketzerei. Cantor führt hier einen sogenannten nichtkonstruktiven oder reinen Existenzbeweis. Er beruht auf der Anwendung des Satzes vom ausgeschlossenen Dritten auf unendliche Mengen. Dieser Beweis liefert kein Verfahren, auch nur eine einzige transzendente Zahl wirklich anzugeben. Alle Schlüsse Cantors in der transfiniten Mengenlehre sind von diesem Typ. Deshalb war in den Augen des „Verbotsdiktators" die ganze Mengenlehre bar eines realen mathematischen Inhalts. Selbst in Vorlesungen ist Kronecker gegen die Mengenlehre aufgetreten. [176, S. 13] Struik bemerkt ganz zu Recht, daß die Kontroverse zwischen Kronecker und Cantor das Präludium für den späteren Streit zwischen Intuitionisten und Formalisten gewesen ist.

Durch seine Erfolge bestärkt und vom Wert seiner Arbeiten überzeugt, wünschte sich Cantor ohne Zweifel einen größeren und bedeutenderen Wirkungskreis. Auch die Stadt Halle war – etwa gegenüber Berlin – wenig attraktiv. Bereits am 8. März 1874 hatte er an Dedekind geschrieben:

Nachdem ich heute meine Vorlesungen geschlossen, denke ich nächster Tage nach Berlin zu gehen; in den Ferien habe ich bis jetzt nie lange hierselbst ausgehalten, denn das einzige, was mich an Halle seit 5 Jahren gewissermassen bindet, ist der einmal gewählte Universitätsberuf. [59, S. 240]

Als in Berlin die Extraordinariate von Thomé und Frobenius frei wurden, hat sich Cantor in einem privaten Schreiben um eine dieser Stellen beworben. Er wurde auch durch den Beschluß der Fakultätskommission (Helmholtz, Kirchhoff, Kummer, Weierstraß) zusammen mit Heinrich Bruns an die erste Stelle gesetzt (immerhin waren insgesamt 13 Personen ins Auge gefaßt worden). An Cantors Arbeiten werden die Originalität der Gedanken und „eine erfreuliche Richtung in die Tiefe" hervorgehoben. [10, S. 97] Das Ergebnis der Kommissionssitzung teilte Kummer Cantor in einem Brief mit, den dieser in Halle der philosophischen Fakultät zur Kenntnis brachte. In der daraufhin einberufenen Fakultätssitzung wurde Cantors Wirksamkeit sehr hoch eingeschätzt, und alle Kollegen sprachen sich für sein Verbleiben in Halle aus. Einen Brief mit der Bitte, Cantor in Halle zu belassen, richtete der Universitätskurator am 28. 1. 1876 an den Minister. Die Universität hat darauf keine Antwort erhalten; auf den Rand des Briefes schrieb der zuständige Ministerialrat:

Als gegenstandslos, da die Versetzung des Cantor hierher nicht beabsichtigt wird, zu den Acten. [1, Bd. XII, Bl. 8]

Wer bzw. was das Ministerium dazu veranlaßt hat, gegen den Willen der mit erstrangigen Gelehrten besetzten Berliner Fakultätskommission Cantor überhaupt nicht ins Auge zu fassen, ist nicht mehr feststellbar. Und noch merkwürdiger ist es, daß der Minister rückwirkend ab 1. 1. 1876 die Gehaltserhöhung von 900 Mark, die Cantor im März 1875 erst erhalten hatte, ohne jede Begründung gestrichen hat. [1, Bd. XII, Bl. 56] Möglicherweise war das Ministerium verärgert darüber, daß Cantor, ohne den offiziellen Ruf des Ministers abzuwarten, die Philosophische Fakultät in Halle über die Absichten der Berliner Universität informiert hatte.

Im Jahre 1877 stellte der hochbetagte Rosenberger den Antrag, ihn zu entlasten und dafür den 32jährigen Cantor zum Ordinarius zu befördern. Die Fakultät wandte sich am 18. 11. 1877 mit einem umfangreichen Gutachten an den Kurator. Darin wird zunächst Cantors Lehrtätigkeit als von „außerordentlichem Werthe" für die Universität charakterisiert. Dann heißt es weiter:

9a Otto August Rosenberger [Universitätsarchiv Halle]

9b Eduard Heine [Mitteldeutsche Lebensbilder, Dritter Band, Magdeburg 1928]

Seine im Druck erschienenen wissenschaftlichen Arbeiten, mäßigen Umfanges, aber desto bedeutender und gediegener in Wahl und Behandlung des Gegenstandes, werden von den competentesten Kennern nicht nur des Inlandes sondern auch des Auslandes hochgeschätzt. Die Verhältnisse haben es jedoch so gefügt, daß mehrere ihn in Lehrthätigkeit kaum gleichaltrige, und wissenschaftlich jedenfalls nicht mehr berechtigte Fachgenossen an preußischen Universitäten bereits in Ordinariate befördert worden sind, während er, an unserer Universität als Extraordinarius ausharrend, immer noch der entsprechenden Anerkennung entbehrt, ... [1, Bd. XII, Bl. 173/174]

Auch in diesem Falle beeilte sich das Ministerium nicht mit der Entscheidung. Obwohl der Antrag der Universität noch im November 1877 nach Berlin ging, wurde Cantor erst am 21. April 1879 zum Ordinarius berufen. [1, Bd. XII, Bl. 217] Wenn diese Berufung Cantor auch nicht völlig befriedigt haben dürfte, so war doch zunächst eine Lebensstellung gewonnen, die ein – wenn auch bescheidenes – Auskommen bot.

Die Jahre 1878 bis 1883 markieren den Höhepunkt in Cantors mathematischem Schaffen. In diesen Jahren entstand seine berühmte sechsteilige Arbeit „Über unendliche lineare Punktmannigfaltigkeiten", die 1879–1884 in den mathematischen Annalen erschien. Sie enthält die Grundlagen der allgemeinen Mengenlehre und eine Reihe wichtiger Begriffe und Ergebnisse der mengentheoretischen Topologie. Diese Arbeit hat nicht den Charakter einer sechsteiligen abgerundeten Darstellung eines umrissenen Forschungsgebietes. Sie ist vielmehr eine Folge von Aufsätzen, in der Ideen immer wieder aufgenommen und weiterentwickelt werden und mit wachsender Deutlichkeit vor unseren Augen erstehen. Man kann in diesen Arbeiten gewissermaßen das ungeheure geistige Ringen Cantors um die neuen und umwälzenden Gedanken verfolgen, seinen inneren Kampf erleben, den er im vollen Bewußtsein der Tatsache ausfocht, daß er sich zu allgemein herrschenden Anschauungen sowohl in der Mathematik als auch in der Philosophie in einen unüberbrückbaren Gegensatz begab, zu Anschauungen, die auch ihm selbst zunächst „wertgewordene Traditionen" gewesen waren. [29, S. 175] Dazu schrieb Fraenkel 1930:

Die Redaktion der Mathematischen Annalen hat eine kühne Tat vollbracht, sich aber auch ein unvergängliches Verdienst erworben, indem sie die Spalten ihrer Zeitschrift diesen Ideen öffnete, die damals die mathematische und philosophische Welt vor den Kopf stießen und noch über ein Jahrzehnt einen bitteren Kampf um ihre Anerkennung zu führen hatten. [67, S. 200]

Zermelo, der Herausgeber der Gesammelten Abhandlungen Cantors, bezeichnete diese Aufsatzfolge als die „Quintessenz des Cantorschen Lebenswerkes", der gegenüber alle seine sonstigen Abhandlungen nur als Vorläufer oder Ergänzungen erscheinen. [17, S. 246]

Im ersten Teil geht es Cantor um die Klassifizierung linearer Punktmengen. Er weist jedoch darauf hin, daß seine Betrachtungen nicht an den R^1 gebunden sind, sondern auch für Punktmengen des R^n gelten. Der Übergang zur Punktmengentheorie allgemeinerer Räume wurde erst in unserem Jahrhundert vollzogen, vor allem in den Werken Felix Hausdorffs und Maurice Fréchets. Ein erstes Klassifizierungsprinzip ergibt sich aus dem Verhalten bei sukzessivem Ableiten: Wird $P^{(n)}$ für ein endliches n leer, so heißt die Punktmenge P von der ersten Gattung, andernfalls von der zweiten Gattung. Cantor definiert dann den wichtigen Begriff einer in einem Intervall dichten Punktmenge und zeigt, daß die Punktmengen der ersten Gattung in keinem Intervall dicht sein können. Ein zweites wichtiges Einteilungsprinzip ist die Einteilung der Punktmengen nach ihrer Mächtigkeit. Cantor erinnert an den in [26] eingeführten Begriff der Gleichmächtigkeit zweier Mengen:

In der oben angeführten Abhandlung [26] haben wir allgemein von zwei geometrischen, arithmetischen oder irgendeinem andern, scharf ausgebildeten Begriffsgebiete angehörigen Mannigfaltigkeiten M und N gesagt, daß sie *gleiche Mächtigkeit* haben, wenn man imstande ist, sie nach irgendeinem bestimmten Gesetze so einander zuzuordnen, daß zu jedem Elemente von M ein Element von N und auch umgekehrt zu jedem Elemente von N ein Element von M gehört. [29, S. 141]

Besonders bemerkenswert ist die Forderung, daß M und N einem „scharf ausgebildeten Begriffsgebiete" angehören sollen. Ahnte Cantor schon die Schwierigkeiten der uneingeschränkten Mengenbildung? Sah er schon die Gefahr der Antinomien? Wir werden auf diese Frage im Kapitel „Anerkennung der Mengenlehre. . ." zurückkommen.

Im weiteren definiert Cantor erstmals die Mächtigkeiten (später nannte er sie Kardinalzahlen) als Klassen gleichmächtiger Mengen. Er ordnet die von ihm schon in früheren Arbeiten betrachteten Mengen der rationalen, der algebraischen und der reellen Zahlen in dieses Begriffssystem ein und liefert dann noch einen vereinfachten Beweis für die Nichtabzählbarkeit des Kontinuums.

Im zweiten Teil von [29] definiert Cantor einige Grundbegriffe der allgemeinen Mengenlehre, wie Gleichheit von Mengen, Ober- und Untermenge, Disjunktheit von Mengen, Vereinigung und Durchschnitt. Seine Symbolik hat sich allerdings nicht durchgesetzt. So schreibt er $\mathfrak{M}$ $(P_1, P_2, P_3, \ldots)$ für die Vereinigungsmenge $P_1 \cup P_2 \cup P_3 \cup \ldots$. Für das Enthaltensein von Elementen oder Mengen in Mengen führte Cantor keine Symbolik ein, die Schreibweise $a \in M$ bzw. $M \subseteq N$ stammt von Giuseppe Peano. Der Hauptinhalt des zweiten Teils ist die Ausführung des Gedankens, die transfiniten Ordnungszahlen der zweiten Zahlklasse als sukzessive Ableitungsordnungen einer Punktmenge zu gewinnen. Auf diesen Gedanken war Cantor, wie bereits erwähnt, zehn Jahre zuvor bei seinen Untersuchungen über trigonometrische Reihen geführt worden.

Im Teil 3 bezieht Cantor die Begriffe Punktmenge und Ableitung auf n-dimensionale Räume. Er formuliert und beweist dann einen Satz, der in heutiger Formulierung auf folgendes hinausläuft: Jedes System von n-dimensionalen abgeschlossenen Mengen des R^n, die paarweise keine inneren Punkte gemeinsam haben, ist höchstens abzählbar. Diese Eigenschaft des R^n hängt mit seiner Separabilität zusammen, d. h. mit der Existenz einer abzählbaren in R^n dichten Menge.

Teil 4 bringt eine Reihe von Sätzen der mengentheoretischen Topologie. Cantor nennt eine Teilmenge P des R^n isoliert, falls $P \cap P'$ gleich $\emptyset$ ist. Jede isolierte Menge erweist sich als abzählbar. Ist ferner P' abzählbar, so auch P. Desweiteren ist jede Punktmenge erster Gattung abzählbar. Mittels transfiniter Induktion zeigt Cantor dann folgendes weitreichende Ergebnis: Ist für eine Punktmenge P die Menge $P^{(\alpha)}$ abzählbar, wobei α eine Ordinalzahl der zweiten Zahlklasse ist, so ist P selbst abzählbar. Im weiteren geht es Cantor darum, eine hinreichende Bedingung dafür zu finden, daß eine Punktmenge des R^1 den Jordan-Inhalt 0 hat. Solche Punktmengen waren von Axel Harnack und Paul Du Bois-Reymond in ihren Arbeiten zur Integrationstheorie benutzt worden. Cantor findet folgendes: Eine Punktmenge $P \subseteq (a, b)$, deren Ableitung abzählbar ist, hat den Jordan-Inhalt 0.

Die in vieler Hinsicht interessanteste Arbeit Cantors ist der Teil 5 von [29], den er 1883 unter dem Titel „Grundlagen einer allgemeinen Mannigfaltigkeitslehre“ auch als separate Schrift publizierte. Der Inhalt spannt sich von den grundlegenden Konzeptionen der Ordinalzahltheorie über Betrachtungen zum Begriff des Kontinuums, eine nochmalige genaue Erläuterung seiner Theorie der reellen Zahlen bis hin zu philosophischen Auseinandersetzungen und historischen Betrachtungen. Cantor gibt in referierendem Stil nur die Ideen an, es werden kaum Formeln benutzt, und bei den meisten Beweisen wird der Leser auf künftige Arbeiten verwiesen.

Das Hauptanliegen Cantors ist die allgemeine Einführung der transfiniten Ordinalzahlen unabhängig vom Begriff der Punktmenge. Dazu geht er ganz intuitiv von zwei sogenannten Erzeugungsprinzipien aus: Das erste Erzeugungsprinzip besteht im Hinzufügen von 1 zu einer gegebenen Ordinalzahl α, d. h. im Übergang von α zu $\alpha + 1$. Das zweite Erzeugnisprinzip liefert den Übergang von einer Fundamentalfolge von Ordnungszahlen zur nächstgrößeren, d. h. zur zugehörigen Limeszahl. Mittels des „Hemmungsprinzips“ können die Ordinalzahlen in wohldefinierte Zahlklassen eingeteilt werden. Das Hemmungsprinzip besteht „in der Forderung, nur dann mit Hilfe eines der beiden anderen Prinzipe die Schöpfung einer neuen ganzen Zahl vorzunehmen, wenn die Gesamtheit aller voraufgegangenen Zahlen die Mächtigkeit einer ihrem ganzen Umfange nach bereits vorhandenen definierten Zahlklasse hat“. [29, S. 199] Die erste Zahlklasse ist die Klasse der natürlichen Zahlen. Ihre Mächtigkeit bezeichnete Cantor später mit $\aleph_0$. Die Limeszahl von $\{1, 2, 3, \ldots\}$ ist die Anfangszahl ω der zweiten Zahlklasse. Man erhält diese zweite Zahlklasse durch die sukzessive Anwendung der beiden Erzeugungsprinzipien unter Beachtung des Hemmungsprinzips, daß man nur dann von α zur nächstgrößeren Zahl übergeht, wenn die Menge der voraufgegangenen Zahlen die Mächtigkeit $\aleph_0$ hat. Cantor zeigt, daß die zweite Zahlklasse die nächsthöhere Mächtigkeit hat, er nennt sie später $\aleph_1$. Entsprechend kann man eine dritte Zahlklasse bilden, sie hat die nächsthöhere Mächtigkeit $\aleph_2$ usw. Diese Art der Einführung der Folge der Mächtigkeiten über die Ordinalzahltheorie ist die heute meist bevorzugte in der axiomatischen Mengenlehre.

Mit den neu eingeführten Zahlen kann Cantor nun jede wohlgeordnete Menge „abzählen“:

Ein anderer großer, den neuen Zahlen zuzuschreibender Gewinn besteht für mich in einem neuen, bisher noch nicht vorgekommenen Begriffe, in dem

Begriffe der Anzahl der Elemente einer wohlgeordneten unendlichen Mannigfaltigkeit; . . . [29, S. 168]

Zwei wohlgeordnete Mengen sind „von derselben Anzahl“, wenn es zwischen ihnen eine eineindeutige Abbildung gibt, die die Ordnungsbeziehung erhält. Erst in seinen letzten mengentheoretischen Arbeiten der Jahre 1895 und 1897 hat Cantor die Ordinalzahlen als Klassen ähnlicher wohlgeordneter Mengen eingeführt. Die „Erzeugungsprinzipe“ spielen dann keine Rolle mehr.

Es war Cantors persönliche Tragik, daß er beim Aufbau seines Lehrgebäudes gewisse, wie wir heute wissen, in der Natur der Sache liegende Schwierigkeiten nicht überwinden konnte, obwohl er jahrzehntelang angestrengt darum rang. Es sind dies der Beweis des Wohlordnungssatzes und das Kontinuumproblem. Cantor ist von der Gültigkeit des Wohlordnungssatzes bereits 1883 fest überzeugt gewesen, er schrieb:

Der Begriff der wohlgeordneten Menge weist sich als fundamental für die ganze Mannigfaltigkeitslehre aus. Daß es immer möglich ist, jede wohldefinierte Menge in die Form einer wohlgeordneten Menge zu bringen, auf dieses, wie mir scheint, grundlegende und folgenreiche, durch seine Allgemeingültigkeit besonders merkwürdige Denkgesetz werde ich in einer späteren Abhandlung zurückkommen. [29, S. 169]

Cantor konnte dieses Versprechen nicht einlösen. Der Wohlordnungssatz wurde erstmalig 1904 von Zermelo bewiesen (vgl. Kap. „Anerkennung der Mengenlehre. . .).

Beim Kontinuumproblem handelt es sich um folgende Frage: Kann es zwischen der Mächtigkeit der abzählbaren Mengen und der des Kontinuums, etwa repräsentiert durch das Intervall (0,1), noch Mächtigkeiten geben, mit anderen Worten, kann es eine unendliche Teilmenge von (0,1) geben, die nicht abzählbar, aber auch nicht der Menge (0,1) äquivalent ist? Cantor vermutete die Antwort „Nein“, und diese Vermutung wurde später als Kontinuumhypothese bezeichnet. Für Punktmengen bedeutet Cantors Vermutung, daß jede beliebige unendliche Punktmenge entweder dem Kontinuum äquivalent oder abzählbar ist. Mit Hilfe der über die Zahlklassen eingeführten Alephs kann die Kontinuumhypothese durch die Gleichung $\mathfrak{c} = \aleph_1$ ausgedrückt werden, wenn $\mathfrak{c}$ die Mächtigkeit von (0,1) ist (daß jede Mächtigkeit ein Aleph ist, ist gerade der Inhalt des Wohlordnungssatzes). Schließlich kann mittels der von Cantor in seinen bereits erwähnten Arbeiten von 1895/

97 eingeführten Kardinalzahlarithmetik leicht gezeigt werden, daß $\mathfrak{c} = 2^{\aleph_0}$ ist. Dabei ist $2^{\mathfrak{m}}$ die Mächtigkeit der Potenzmenge (Menge aller Teilmengen) einer Menge der Mächtigkeit $\mathfrak{m}$. Die Kontinuumhypothese kann folglich auch in der Form der Gleichung $2^{\aleph_0} = \aleph_1$ geschrieben werden. Die Gleichung $2^{\aleph_x} = \aleph_{x+1}$ wird als verallgemeinerte Kontinuumhypothese bezeichnet.

Cantor hat 1878 am Schluß der Arbeit [26] die Kontinuumhypothese erstmalig erwähnt. Nachdem er die beiden Klassen der abzählbaren Mengen und der dem Intervall (0,1) äquivalenten Mengen eingeführt hat, schreibt er:

Entsprechend diesen beiden Klassen würden daher bei den unendlichen linearen Mannigfaltigkeiten [Punktmengen des R^1] nur zweierlei Mächtigkeiten vorkommen; die genaue Untersuchung der Frage verschieben wir auf eine spätere Gelegenheit. [26, S. 133]

1883 kommt Cantor in dem in Rede stehenden Teil 5 von [29] auf das Problem zurück. Er will eine rein mengentheoretische Definition des seit den Zeiten des Aristoteles diskutierten und umstrittenen Begriffs „Kontinuum" geben. Dazu betrachtet Cantor Punktmengen im n-dimensionalen Raum R^n (er schreibt G_n statt R^n). Eine solche Punktmenge P heißt perfekt, falls $P = P'$ ist. Ein Kontinuum ist eine perfekte zusammenhängende Menge. In der modernen Topologie wird die Definition des Kontinuums etwas anders gefaßt. Sie stimmt für den R^n mit der Cantorschen Definition überein, wenn man zusätzlich zu den Cantorschen Bedingungen die Beschränktheit der Menge verlangt. In einer Anmerkung gibt Cantor ein interessantes Beispiel einer perfekten Punktmenge, die in keinem Intervall dicht ist, nämlich die Menge aller reellen Zahlen der Form

$$\frac{c_1}{3} + \frac{c_2}{3^2} + \ldots + \frac{c_\nu}{3^\nu} + \ldots \qquad ,$$

wobei die c_ν die Werte 0 und 2 annehmen können. Diese Menge ist das berühmte Cantorsche Diskontinuum, eine kompakte, perfekte, nirgends dichte Menge der Mächtigkeit $\mathfrak{c}$. Mengen solcher Art spielen eine wichtige Rolle in der Topologie. Die Kontinuumhypothese spricht Cantor hier in der Form $\mathfrak{c} = \aleph_1$ aus:

Es reduziert sich daher die Untersuchung und Feststellung der Mächtigkeit von G_n auf dieselbe Frage, spezialisiert auf das Intervall $(0 \ldots 1)$, und ich hoffe, sie schon bald durch einen strengen Beweis dahin beantworten zu können, daß die gesuchte Mächtigkeit keine andere ist als diejenige unserer zweiten Zahlklasse (II). [29, S. 192]

Erst im Jahre 1963 ist das Kontinuumproblem durch Cohen in gewissem Sinne gelöst worden (vgl. die detaillierte Darstellung in Kap. „Ausblick“). Die Lösung geht in eine Richtung, in der Cantor sie nie gesucht hat und auch zu seiner Zeit nicht gesucht haben konnte. Vermutlich hätte er an dieser Lösung auch keine rechte Freude gehabt, denn sie ist mit seinem philosophischen Standpunkt schwerlich zu vereinbaren.

Der sechste und letzte Teil von Cantors Aufsatzfolge über unendliche lineare Punktmannigfaltigkeiten liefert zum Teil die fehlenden Beweise für den 5. Teil, z. T. aber auch eine Reihe neuer Sätze und Begriffe für Punktmengen. Cantor formuliert und beweist sieben Theoreme, die er von A. bis G. numeriert und die folgendermaßen lauten:

A. Eine perfekte Menge ist nicht abzählbar.

B. Ist α eine Zahl der ersten oder zweiten Zahlklasse und gilt $P^{(\alpha)} = \emptyset$, so sind P und P' abzählbar.

C. Ist P' abzählbar, so existiert eine Zahl α der ersten oder zweiten Zahlklasse, so daß $P^{(\alpha)} = \emptyset$.

D. Ist Ω die Anfangszahl der dritten Zahlklasse, so ist $P^{(\Omega)}$ perfekt, falls P' nicht abzählbar ist.

E. Ist P' nicht abzählbar, so kann P' disjunkt zerlegt werden in eine perfekte und eine abzählbare Menge; es gilt nämlich $P' = R + P^{(\Omega)}$, wo R abzählbar ist.

F. Es gibt ein α der ersten oder zweiten Zahlklasse, so daß $P^{(\alpha)} = P^{(\Omega)}$ ist.

G. Ist R die Menge aus E., so gibt es eine Zahl α der ersten oder zweiten Zahlklasse, so daß $R \cap R^{(\alpha)} = \emptyset$.

Diese Theoreme stellen wichtige Grundlagen der mengentheoretischen Topologie dar: Sie enthalten insbesondere den später nach Cantor und Bendixson benannten Satz bzw. das sogenannte Cantorsche Haupttheorem (vgl. [120, S. 190; 174, S. 272]).

Bemerkenswert ist Cantors Versuch, eine Inhaltstheorie für Punktmengen aufzubauen. Ist eine Punktmenge P im R^n gegeben, so beschreibt Cantor um jeden Punkt der abgeschlossenen Hülle $P \cap P'$ von P eine Kugel mit dem Radius ϱ. Dadurch wird ein Raumteil P_ϱ mit Kugeln überdeckt, dessen Inhalt $F(P_\varrho) = \int\limits_{P_\varrho} dx_1 \ldots dx_n$

ist. Den Inhalt von P definiert Cantor dann durch die Beziehung

$$I(P) = \lim_{\varrho \to 0} F(P_\varrho).$$

Diesen Inhalt würde man in der heutigen Sprechweise als einen äußeren Inhalt bezeichnen. Peano und Jordan haben die Inhaltstheorie weiterentwickelt und einen additiven Inhalt definiert. σ-additive Inhalte (Maße) sind Anfang unseres Jahrhunderts von Borel und Lebesgue eingeführt worden. Cantor beschränkte sich etwas einseitig auf abgeschlossene Mengen. Für solche Mengen stimmt sein Inhalt mit dem Lebesgue-Maß überein.

Cantor wollte seine Untersuchungen durchaus nicht mit dem Teil 6 abschließen. Er stand mitten in einem großangelegten Forschungsprogramm und hat an mehreren Stellen auf demnächst zu veröffentlichende Arbeiten verwiesen. Am Schluß formulierte er erneut die Kontinuumhypothese und versprach in folgenden Arbeiten einen vollständigen Beweis vorzulegen. Leider hat der Ausbruch seiner Krankheit im Jahre 1884 diese Periode fruchtbarsten Schaffens abrupt unterbrochen. Cantor hatte – noch nicht vierzigjährig – ein Werk geschaffen, das Hilbert später als „die bewundernswerteste Blüte mathematischen Geistes und überhaupt eine der höchsten Leistungen rein verstandesmäßiger menschlicher Tätigkeit" bezeichnet hat. [104, S. 167] Aber die wissenschaftliche Landschaft um ihn war im wesentlichen unverändert geblieben. Die überwiegende Mehrzahl der Mathematiker nahm keine Notiz von seinen Schöpfungen oder schätzte sie gering. So hat z. B. die Redaktion des „Jahrbuchs über die Fortschritte der Mathematik" die wichtigsten Cantorschen Arbeiten einem Gymnasiallehrer, einem Dr. Schlegel aus Waren (Müritz), zur Rezension übergeben, obwohl zahlreiche namhafte Universitätsmathematiker zum Stamm der Rezensenten gehörten. Schlegel hat den Inhalt durchaus korrekt wiedergegeben, aber jedwede Wertung unterlassen. In den siebziger Jahren haben lediglich zwei junge Italiener, Dini und Ascoli, den Begriff der Ableitung einer Punktmenge aufgenommen und 1878 erfolgreich in der Theorie der reellen Funktionen benutzt. Weierstraß verwendete den Begriff der abzählbaren Menge in der Funktionentheorie, wie aus einem Brief an Du Bois-Reymond vom 15. 12. 1874 [192, S. 206] hervorgeht. Weierstraß hat auch später Cantors Arbeiten wohlwollend verfolgt und gelegentlich benutzt, wie man aus einem Brief an seine Schülerin und vertraute Freundin Sonja Kowalewskaja vom 16. 5. 1885 [148a, S. 195] ersehen kann. Er hat Cantor 1882 auch dazu angeregt, das Hankelsche Kondensationsprinzip der Singularitäten durch Anwendung des Konzepts der abzählbaren Menge wesentlich zu verbessern. Öffentlich ist Weierstraß jedoch nie für die Mengenlehre eingetreten. Das lag vielleicht auch in seinem Wesen begründet, denn als er selbst von Kronecker wegen seiner Schlußweisen in der Analysis (z. B. Satz von der Existenz der oberen Grenze einer beschränkten Menge reeller Zahlen) heftig angegriffen wurde, bestand seine einzige Reaktion darin, sich in einem Brief an seine vertraute Freundin bitter zu beklagen.

Im Jahre 1883 setzten die Arbeiten von Bendixson und Phragmén über Punktmengen ein. Von Bendixson z. B. stammt das auf S. 45 erwähnte Theorem G., was von Cantor selbst bei der Formulierung des Theorems auch gebührend hervorgehoben ist. Es scheint so, als hätte sich Cantor darüber, daß ein junger Forscher mengentheoretisch zu arbeiten beginnt, mehr gefreut, als wenn er das Theorem selbst gefunden hätte.

Das Verhältnis von Cantor zu Dedekind hatte sich ab 1882 etwas abgekühlt. Erst Ende der neunziger Jahre wird der einst so fruchtbare Briefwechsel wieder aufgenommen. Damit hatte es folgende Bewandtnis: Im Oktober 1881 war Eduard Heine gestorben. Das Gutachten zur Neubesetzung des mathematischen Ordinariats hatte Cantor zu verfassen. Es ist datiert vom 25. November 1881; die entsprechende Passage lautet:

Indem wir uns die Ehre geben, Euer Excellenz hierauf bezüglich Vorschläge, in der Hoffnung auf ihre Erfüllung, zu machen, gehen wir von dem Grundsatze aus, das Andenken unseres seligen Collegen am meisten dadurch zu ehren, dass wir auf einen möglichst tüchtigen und bedeutenden Nachfolger den grössten Werth legen.

An erster Stelle bezeichnen wir den Herrn Dr. Richard Dedekind, Professor an der technischen Hochschule in Braunschweig als denjenigen, dessen hervorragende wissenschaftliche Leistungen verbunden mit reicher Erfahrung im höheren mathematischen Unterrichtsfache ihn ganz besonders geeignet erscheinen lassen, die eingetretene Lücke in allen Richtungen aufs Beste auszufüllen. Als Schüler Lejeune-Dirichlets in alle diejenigen Gebiete vollkommen eingeweiht, welche vorzugsweise der Lehrthätigkeit des verstorbenen Herrn Heine zugrunde lagen, hat Herr Dedekind sich nicht allein große Verdienste durch Herausgabe der Werke Lejeune-Dirichlets und B. Riemanns erworben, sondern er hat auch als selbständiger Forscher durch fundamentale Untersuchungen über die algebraischen Zahlen und die elliptischen Modulfunctionen sich die Anerkennung aller Fachgenossen verschafft.

Der Umstand, dass Herr Dedekind in den letzten achtzehn Jahren keiner Universität angehört, kann nicht gegen seine Berufung angeführt werden, sondern sogleich eher für dieselbe, da es nicht nur in unserm sondern auch von allgemeinem Interesse sein dürfte, einen so ausgezeichneten Mann für den akademischen Unterricht endlich wieder zurückzugewinnen. [1, Bd. XIII, Bl. 166]

An zweiter Stelle wird Heinrich Weber, an dritter Franz Mertens vorgeschlagen.

Bereits Mitte November hatte Cantor Dedekind privat die Absicht der Hallenser Fakultät mitgeteilt, und Dedekind antwortete umgehend, daß er aus verschiedenen Gründen seine Stellung in Braunschweig nicht aufgeben wolle. Immer wieder beschwor Cantor Dedekind, bei Eintreffen des offiziellen Rufes aus Berlin nicht vorschnell zu entscheiden und sich die Sache gründlich zu überlegen. Am 31. 12. 1881 konnte Cantor Dedekind mitteilen, daß das Kultusministerium die entsprechende Anfrage an ihn in den nächsten Tagen absenden würde; weiter hieß es dann:

Ich kann hinzufügen, daß Kummer, Kronecker und Weierstrass grossen Werth darauf legen, dass Sie auf diese Weise in die rein akademische Laufbahn zurückkehren. [59, S. 253]

In den folgenden Tagen versuchte Cantor, mit geradezu verzweifelter Beredsamkeit Dedekind doch noch zu überzeugen. [59, S. 253/254] Aber Dedekind lehnte den Ruf am 6. 1. 1882 ab. Als Begründung nannte er das zu geringe Gehalt und seine familiären Bindungen in Braunschweig. [1, Bd. XIII, Bl. 168] Am 9. 1. 1882 schrieb er an Cantor u. a.:

...; ich habe mir ... die grosse Frage noch einmal überlegt und dabei Alles traulich beherzigt, was Sie mir mit so warmen, eindringlichen Worten vorgestellt haben. Obwohl Sie in freundschaftlichem Eifer einer Aenderung meiner Stellung einen grösseren Werth beilegen, als der Erfolg wahrscheinlich gerechtfertigt hätte, so stimme ich doch soweit vollständig mit Ihnen überein und glaube dies auch ohne Scheu aussprechen zu dürfen, dass die Universität ein richtigerer Platz für mich ist, als eine technische Hochschule, an welcher die Mathematik nur als Hülfsfach auftritt; auch brauche ich kaum zu sagen, dass die Lehrtätigkeit an der Universität meinen Neigungen ungleich mehr entspricht und dass gerade die Aussicht, mit Ihnen zusammen wirken zu können, eine ganz besonders erfreuliche für mich war, weil gegenseitiges Verständnis und volle Würdigung des wissenschaftlichen Strebens zwischen uns vorhanden ist. Trotz alledem habe ich am Freitag die Berufung abgelehnt; ... [59, S. 256]

Der ganze Berufungsvorgang war letztlich für Cantor nicht nur wegen Dedekinds Absage eine große Enttäuschung. Weber wurde vom Ministerium nicht in Erwägung gezogen, und Mertens lehnte ebenfalls aus finanziellen Gründen ab. Ohne die Fakultät bzw. Cantor selbst noch einmal zu fragen, berief das Kultusministerium nach Konsultation mit Kronecker und Weierstraß Albert Wangerin nach Halle. Über diese Mißachtung seiner Person war Cantor zu Recht sehr verärgert; auch in diesem Punkte war Kroneckers Einfluß beim Ministerium entscheidend gewesen. Cantor schrieb dazu am 7. 4. 1882 an Dedekind:

Der Umstand, daß wir bei dieser Berufung nicht mehr zu Worte gekommen sind, hat nothwendig zu einer Auseinandersetzung zwischen Kr. [Kronecker] und mir führen müssen, die aber, weil ich auf das Feld des Persönlichen grundsätzlich nicht eingegangen bin, rein sachlich gewesen ist und den Erfolg gehabt hat, dass ich mit Freundschaftsversicherungen über die Maassen beehrt werde. [59, S. 264]

Von großer Bedeutung für Cantor wurde die Freundschaft mit dem schwedischen Mathematiker Gösta Mittag-Leffler. Er hatte wie Cantor bei Weierstraß studiert und war dann nach Stockholm zurückgekehrt, wo er 1877 Professor wurde. Die Heirat mit einer Millionärstochter machte ihn zu einem vermögenden Mann. Mit diesem Geld gründete er 1882 ein neues mathematisches Journal, die Acta Mathematica, die bis heute eine bekannte mathematische Zeitschrift darstellen. Mittag-Leffler wollte die Acta durch Gewinnung bedeutender Autoren sehr rasch zu einem international einflußreichen Journal machen. Da er selbst einer der wenigen war, der Cantors Theorien verstand und schätzte und mit ihrer Hilfe in der Funktionentheorie bemerkenswerte Resultate erzielt hatte (publiziert in den Acta ab 1883), trat er an Cantor mit dem Anliegen heran, die wichtigsten von dessen Arbeiten in französischer Übersetzung in den Acta abdrucken zu dürfen. Schüler Hermites, z. B. Poincaré, übernahmen die Übersetzung. Die Arbeiten (es handelt sich um [23], [24], [25], [26], [29] Teil I–IV, V z. T.) erschienen im Band 2 der Acta von 1883 und füllen dort über 100 Seiten. Auch drei Originalabhandlungen hat Cantor in den Jahren 1883–1885 in den Acta publiziert ([30]–[32]). Die Veröffentlichungen in den Acta haben wesentlich dazu beigetragen, daß Cantors Werk unter den französischen Mathematikern bekannt wurde. Mittag-Leffler wurde auch der vertraute Briefpartner Cantors, dem er seine Sorgen und Nöte rückhaltlos offenbarte. Das Verhältnis von Cantor zu Kronecker blieb weiter gespannt.

Die fachlichen Differenzen hatten sich vertieft; Kroneckers Einfluß in der mathematischen Welt und im Ministerium und die Art, wie er diesen z. B. in der Hallenser Berufungsangelegenheit genutzt hatte, taten ein übriges. Besonders bitter war es für Cantor, daß sein einstiger Studienfreund Schwarz sich ebenfalls seinen Gegnern angeschlossen hatte.

Nach wie vor wünschte sich Cantor einen größeren Wirkungskreis, z. B. an der Universität Berlin. Er hat sich sogar 1883 persönlich an den Kultusminister gewandt und sich um eine Stellung in Berlin beworben. Darüber schreibt er am 1. 1. 1884 an Mittag-Leffler:

Sie fassen den Sinn meiner Bewerbung *ganz richtig* auf; ich habe nicht im Entferntesten daran gedacht, dass ich jetzt schon nach Berlin kommen würde. Da mir aber daran liegt, nach einiger Zeit hinzukommen und mir bekannt ist, dass Schwarz und Kronecker seit Jahren fürchterlich gegen mich intriguiren, aus Furcht ich könnte einmal hinkommen, so habe ich es für meine Pflicht gehalten, die Initiative selbst zu ergreifen und mich an den Minister zu wenden. Den nächsten Effect davon wusste ich ganz genau voraus, dass nämlich Kr. wie von einem Skorpion gestochen auffahren und mit seinen Hülfstruppen ein Geheul anstimmen würde, dass Berlin sich in die Sandwüsten Afrika's, mit ihren Löwen, Tigern und Hyänen versetzt glauben wird. Diesen Zweck habe ich, so scheint es, wirklich erreicht. [176, S. 3/4]

In seinen Publikationen setzte sich Cantor mit Kroneckers Standpunkt sehr sachlich und im Ton zurückhaltend auseinander. So heißt es in [29], Teil V, nachdem Cantor die Auffassung Kroneckers über die irrationalen Zahlen erläutert hat (freilich ohne Kroneckers Namen zu erwähnen):

Mit dieser Auffassung der reinen Mathematik, obgleich ich ihr nicht zustimmen kann, sind unstreitig gewisse Vorzüge verbunden, die ich hier hervorheben möchte; spricht doch für ihre Bedeutung auch der Umstand, daß zu ihren Vertretern ein Teil der verdienstvollsten Mathematiker der Gegenwart gehört. [29, S. 172/173]

Als aber Cantor von Mittag-Leffler erfuhr, daß Kronecker plane, in den Acta mathematica einen Artikel zu veröffentlichen, in dem er zeigen wolle, daß die Ergebnisse der modernen Funktionentheorie und Mengenlehre von keiner realen Bedeutung seien, ging sein Temperament mit ihm durch. In einem Brief vom 26. 1. 1884 ließ er seinem Zorn freien Lauf:

Ich kann Ihnen nicht sagen, wie sehr mich die *Anmassung* Kronecker's empört in den „Acta" zeigen zu wollen „dass die Ergebnisse der modernen Funktionentheorie und Mengenlehre von keiner realen Bedeutung sind". Was versteht Herr Kr. unter „realer Bedeutung“? Meint er damit „wissenschaftlichen Wert und Nutzen“, so frage ich, was *ihn* zum Richter über Wert und Nutzen in der Wissenschaft macht? ... Wie *darf* Herr Kr. Ihnen sagen lassen, „er hoffe, Sie werden seine Arbeiten mit derselben *Unparteilichkeit* in die Acta aufnehmen, wie die Untersuchungen Ihres Freundes Cantor“? Mögen *seine* Machwerke der *Unparteilichkeit* und grosser Nachsicht und Rücksichtnahme auf das Bischen vergängliche Machtstellung, die er sich zu machen gewusst hat, bedürfen, für *meine* Arbeiten beanspruche ich *Parteilichkeit*, aber nicht Parteilichkeit für meine vergängliche Person, sondern Parteilichkeit für die *Wahrheit*, welche *ewig* ist und mit der souveränsten Verachtung auf die Wühler herabsieht, die sich einzubilden wagen, mit ihrem elenden Geschreibsel gegen sie auf die Dauer etwas ausrichten zu können [176, S. 5/6]

Die Auseinandersetzung um die Mengenlehre und der Kampf um ihre Anerkennung wären sicher anders verlaufen, hätte sie Cantor selbst mit ungebrochener Schaffenskraft und vollem Einsatz seiner temperamentvollen Persönlichkeit führen können. Das aber wurde durch den Ausbruch seiner Krankheit verhindert.

Cantors Krankheit · Die Bacon-Shakespeare-Theorie

Cantors Krankheit ist im Frühsommer 1884 erstmalig in Erscheinung getreten. Sie trat später immer wieder auf, so daß Cantor mehrmals in Sanatorien bzw. in der Universitätsnervenklinik behandelt werden mußte. Die Diagnose kennen wir aus einer Äußerung des Psychiaters Karl Pönitz, der ab 1913 Assistent in der Universitätsnervenklinik Halle war:

> Ich behandelte als junger Assistent einen in seinem Spezialfach verdienstvollen Ordinarius der Mathematik; er mußte wegen des Rezidivs einer zirkulären Manie in die Klinik eingewiesen werden. [159, S. 1464]

Aus den Berichten des Kurators der Universität Halle an den Minister über Cantors Befinden in der besonders schweren Krisis der Jahre 1899/1900 (s. Dokumentenanhang Nr. 3 und 4) ist ersichtlich, daß es sich um den typischen Verlauf einer manisch-depressiven Erkrankung handelt. Eine solche Erkrankung tritt in Schüben auf, dazwischen ist der Betroffene gesund und leistungsfähig. Cantor hat ja auch zwischen den Krankheitsperioden, die vor 1899 noch relativ selten waren, sein Amt als Ordinarius und Fakultätsmitglied ohne Einschränkung und mit großem Erfolg ausgeübt.
Manisch-depressive Erkrankungen sind endogener Natur, d. h. nicht durch äußere Umstände verursacht. Freilich können solche Umstände begünstigende Faktoren gewesen sein.
Es gibt in der Literatur eine Reihe von Vermutungen zur Krankheit Cantors. Der Wahrheit sehr nahe kam Grattan-Guinness [81], obwohl er die Diagnose von Pönitz nicht kannte. Andere Vermutungen müssen jedoch aus Sicht der jetzigen Erkenntnisse zurückgewiesen werden. Der Mathematikhistoriker Eric Tempie Bell wollte z. B. mittels einer Psychoanalyse à la Freud die Krankheit Cantors auf den Einfluß des Vaters und seine angeblich strengen Erziehungsmethoden zurückführen. Das ist reine Spekulation. Schoenflies vermutete folgendes:

> Über 10 Jahre hatte das Zerwürfnis mit Kronecker an ihm genagt, ehe es in den Briefen von 1884 zum Ausdruck kam; es wäre aber grundverkehrt, darin die alleinige Schuld an der sommerlichen Depression zu erblicken,

obwohl Cantor selbst in dem obigen Brief vom 18/8 es behauptet. Der Kampf mit dem Kontinuumproblem, den er das ganze Leben hindurch gekämpft hat, und an den er seine beste Kraft setzte, hat daran sicherlich nicht mindern Anteil. [176, S. 16]

Der Konflikt mit Kronecker kann sicher als ein begünstigender Faktor akzeptiert werden. Bezüglich der anstrengenden mathematischen Arbeit ist aber das genaue Gegenteil der Fall. Der Hausarzt Dr. Mekus, der Cantor über Jahrzehnte betreut hat, empfiehlt gerade für Krankheitsperioden, Cantor zur mathematischen Arbeit zu überreden, denn das sei das einzige, was ihn beruhige und den Heilungsprozeß fördere (s. Dokumentenanhang Nr. 3). Die immer wieder kolportierte Meinung von Schoenflies muß also in das Reich der Legende verwiesen werden. Und das ist auch gut so, denn es ist wenig ermutigend für einen jungen mathematischen Forscher, wenn er aus historischen Beispielen „lernt", daß das Damoklesschwert einer psychiatrischen Erkrankung über ihm schwebt, wenn er sich gar zu tief in die Wissenschaft versenkt und mit dem Einsatz seiner ganzen Persönlichkeit mit neuen Problemen ringt.

Die Krankheitsperioden Cantors traten jeweils plötzlich auf und verursachten natürlich auch große häusliche Aufregung. M. Peters schrieb darüber:

Dieses, mit höchst gesteigerter Erregbarkeit beginnende Leiden, beladen mit Schrecknissen aller Art und meist mit klinischem Aufenthalt endend, stand über dem lichten Grund des glücklichen Familienlebens mit dem ganzen Gewicht eines schweren Verhängnisses. Seine Unberechenbarkeit, das Unheimliche seines Einbruches und die Schrecken im häuslichen Leben, die es mit sich brachte, haben im Gemüt der heranwachsenden Kinder unauslöschliche Spuren hinterlassen. [157, S. 15]

Die erste Attacke im Frühsommer 1884 ging relativ rasch vorüber. Cantor berichtete am 21. 6. 1884 an Mittag-Leffler, er habe sich nicht wohlgefühlt und ihm fehle jetzt die nötige geistige Frische für wissenschaftliche Arbeiten. Sein Selbstwertgefühl hatte offenbar stark gelitten, denn er dankte Mittag-Leffler dafür, daß sich dieser an seine „Kleinigkeiten" erinnert habe. Da Cantor einen Zusammenhang seiner Krankheit mit dem Zerwürfnis mit Kronecker vermutete – „Nicht Anstrengung von Arbeiten, sondern Reibungen, die ich vernünftiger Weise hätte vermeiden können, waren die Ursache meiner Verstimmung" [176, S. 9], so schrieb er am 18. 8. 1884 an Mittag-Leffler – beschloß er, sich mit Kronecker auszusöhnen. Er schrieb ihm einen Versöhnungsbrief [17, S. 10], den Kronecker taktvoll und in menschlich anständiger Weise beantwortet hat ([144, S. 237/238], in der Fußnote 1 muß es dort statt Weierstraß Wangerin heißen). Damit war das äußere Verhältnis zwischen beiden Forschern wieder in befriedigender Weise hergestellt, die wissenschaftlichen Differenzen aber blieben.

Bereits im Sommer und Herbst 1884 beschäftigte sich Cantor erneut intensiv mit dem Kontinuumproblem. Ende August glaubte er, einen Beweis zu besitzen. Aus der folgenden Passage eines Briefes an Mittag-Leffler vom 14. 11. 1884 wird das Ringen Cantors mit diesem Problem so recht deutlich:

Sie wissen, dass ich oft im Besitze eines strengen Beweises dafür zu sein glaubte, dass das Linearcontinuum die Mächtigkeit der zweiten Zahlklasse besitze; immer wieder befanden sich Lücken in meinen Beweisen und stets strengte ich von neuem meine Kräfte in derselben Richtung an und wenn ich dann wieder glaubte am heissersehnten Ziele angelangt zu sein, so prallte ich plötzlich zurück, weil ich in einer versteckten Ecke einen Fehlschluss wahrnahm. [176, S. 17]

In demselben Brief schrieb er, daß die Vermutung über die Mächtigkeit des Kontinuums ein Irrtum war und daß er nun streng beweisen könne, daß die Mächtigkeit des Kontinuums keins der Alephs sei. Einen Tag später bereits widerrief er dies jedoch und setzte die Kontinuumhypothese wieder in ihre alten Rechte ein. „Glücklicherweise“, so stellte er fest, „hängen alle meine übrigen Sätze von diesem nicht ab.“ [176, S. 18]

Die Briefe der Jahreswende 1884/85 lassen eine depressive Stimmung Cantors erkennen. Er wendet sich zeitweise von der mathematischen Forschung ab und vertieft sich in ein neues Interessengebiet, die Literaturgeschichte, speziell die Bacon-Shakespeare-Theorie. Mit ihr befaßte er sich viele Jahre lang.

Am 11. 3. 1897 schrieb Hermann Minkowski in einem Brief an David Hilbert:

Hurwitz' Bruder schreibt, dass Cantor aus Halle nach München berufen sei. Die Nachricht klingt sehr seltsam. Etwa auf einen Lehrstuhl für Shakespearologie? [148, S. 97]

Diese Briefstelle weist darauf hin, daß die deutschen Mathematiker durchaus mit spöttischer Aufmerksamkeit den kurz vorher durch Veröffentlichungen offenkundig gewordenen Interessenwandel Cantors verfolgt hatten. Im Jahre 1896 waren auf dem Büchermarkt zwei kleine Schriften Cantors: „Confessio fidei Francisci Baconi...“ [40] und „Resurrectio divi Quirini...“ [39] erschienen. In der ersten Schrift veröffentlichte Cantor das Glaubensbekenntnis des englischen Gelehrten und Politikers Francis Bacon, in der zweiten versuchte er den Beweis anzutreten, daß nicht William Shakespeare der Verfasser der ihm zugeschriebenen Dramen sei, sondern Francis Bacon. Bei einem unbefangenen Beobachter wird die letztgenannte Behauptung heute zumindest Kopfschütteln hervorrufen und kann ihn leicht veranlassen, diese Angelegenheit nur als Bestandteil von Cantors Krankheitsgeschichte abzutun. Tatsächlich war aber die Sachlage doch schwieriger. Es kann durchaus nicht grundsätzlich behauptet werden, daß die Beschäftigung mit der sogenannten Bacon-Shakespeare-Theorie „krankhaft“ wäre. Was hatte es nun mit dieser ungewöhnlichen Theorie auf sich? 1889 bemerkte der bedeutende Leipziger Anglist Richard Paul Wülker:

... fing man in unserm Zeitalter an, zunächst allerdings in recht unkritischer Weise, ihn [Shakespeare] für einen Menschen zu erklären, welcher gar kein Recht auf die ihm seit Jahrhunderten zugeteilten Werke habe; dieselben seien vielmehr von einem oder mehreren anderen verfasst. Im günstigsten Fall liess man William Shakespeare noch das zweifelhafte Verdienst, dass er die ihm von anderen Schriftstellern zugestellten Dramenmanuskripte bühnengerecht und dem Geschmacke seines Publikums angepasst habe. Auch wurde man bald einig, wer der grosse Mann gewesen sei, welcher die unter Shakespeare's Namen laufenden Stücke gedichtet habe; niemand als der grösste Philosoph und Staatsmann Francis Bacon könne dies gewesen sein, denn nur er, und er allein, habe Bildung und Gelehrsamkeit genug besessen, um die genannten Dramen zu schreiben. [193, S. 217]

Von gelegentlichen früheren Äußerungen einzelner Gelehrter abgesehen, wurde die „Theorie“ seit etwa 1848 langsam und stetig immer populärer, um dann im Laufe des ersten Weltkrieges wieder fast völlig aus dem öffentlichen Interesse zu verschwinden. Im Jahre 1884 zählte man bereits rund 250 Titel zu diesem Thema, 1889 bemerkte Wülker, daß 500 wohl kaum ausreichen werden. Die Bacon-Shakespeare-Theorie nahm verschiedene Formen an, neben Bacon wurden viele andere Personen als Verfasser der Shakespeare-Dramen in Betracht gezogen, und man versuchte, durch die eigenartigsten Hypothesen und Deutungen der Werke Shakespeares und Bacons diese Theorie zu stützen. Es kann durchaus als sicher gelten, daß jeder aufmerksame zeitgenössische Leser von Tageszeitungen und Zeitschriften mit dieser Frage bekannt gewesen ist. Auch Cantor versuchte natürlich seine Behauptung zu belegen, daß Bacon der Verfasser der Shakespeare-Dramen sei. Der Kern seiner Meinung findet sich bereits in „Resurrectio. . .". Cantor veröffentlichte darin ein Trauergedicht von Thomas Randolph auf Bacon. In diesem Gedicht wurde Bacon als „Quirinus" bezeichnet, und dieses „Quirinus" interpretierte Cantor nicht als den Namen des römischen Kriegsgottes, sondern übersetzte es als „Spear-Swinger or -Shaker = Shakespeare" [39, S. 4] Auch bei der Neuausgabe (1897) der „Rawleyschen Sammlung" (1626) [41] – dazu gehört auch das Randolphsche Gedicht – stellte er die gleiche Behauptung auf. Dazu versuchte Cantor jetzt auch aus den Königsdramen Shakespeares die Autorschaft Bacons herauszulesen. Die Interpretationen Cantors erfuhren von Seiten der deutschen Shakespeareforscher eine heftige Zurückweisung, wobei es aber durchaus als verdienstvoll herausgestellt wurde, die „Rawleysche Sammlung", eine Sammlung von Trauergedichten auf Bacon, der Vergessenheit entrissen zu haben. Auf eine dieser Kritiken, in der Saale-Zeitung Halle vom 19. 12. 1897, antwortete Cantor selbst in einem Artikel vom 30. 12. 1897 und behauptete, daß er neue Beweise für die Identität von Bacon und Shakespeare beibringen könne und zu diesem Zwecke eine eigene quellengeschichtliche Zeitschrift herausbringen wolle.

Erst 1900 erschien die letzte, bislang bekannt gewordene Veröffentlichung Cantors zur Bacon-Shakespeare-Theorie im Berliner „Magazin für Litteratur": „Shaxpeareologie und Baconianismus. . ." [43]. Cantor behauptete hier nicht weniger, als daß Shakespeare nur eine vorgeschobene Person gewesen sei, um den wahren Autor der unter dem Namen „Shakespeare" laufenden Schriften zu verbergen, und daß auch Bacon möglicherweise selbst nur eine derartig vorgeschobene Person gewesen sei. Der Artikel Cantors macht auf den Leser nicht nur wegen des merkwürdigen Inhalts, sondern auch durch seinen gereizten und seltsamen Ausdruck einen durchaus befremdlichen Eindruck. Ein Zitat aus der Arbeit Cantors lautet beispielsweise:

In Wahrheit diente dieselbe [die vorgeschobene Autorschaft Shakespeares] nur als Maske und besoldeter Agent dem rätselhaften, unbekannt gebliebenen, durch eine wunderbar in ihm zusammentreffende Vereinigung von Blut,

Geist und Willensstärke, unter den schwierigsten Verhältnissen zum höchsten Gipfel der Menschheit erhobenen Dichterfürsten. [43, Sp. 196]

Cantor versuchte nicht nur durch Publikationen seine Meinung zur Bacon-Shakespeare-Theorie zu verbreiten, sondern auch durch öffentliche Vorträge. Zwei (oder mehr ?) Vorträge hielt Cantor 1899 in Leipzig. Auch hier vertrat er die „Quirinus-Hypothese" und meinte, aus Shakespeares Sonetten neue „Beweise" für die Behauptung der Identität von Shakespeare mit Bacon gewinnen zu können. Der Mathematiker Gerhard Kowalewski hatte Cantors Leipziger Vorträge gehört. Er beschrieb Cantors Auftreten so:

Cantor brachte jedesmal eine Unmenge Literatur mit, einen grossen Wäschekorb voll ... Da er wirklich nicht Englisch konnte, las er englische Zitate mit einer selbsterdachten Aussprache vor, was ganz merkwürdig klang. Wie alle von einer solchen Idee Besessenen fühlte er sich seitens verschiedener Leute verfolgt, die, wie er glaubte, seine Argumente fürchteten. Er war

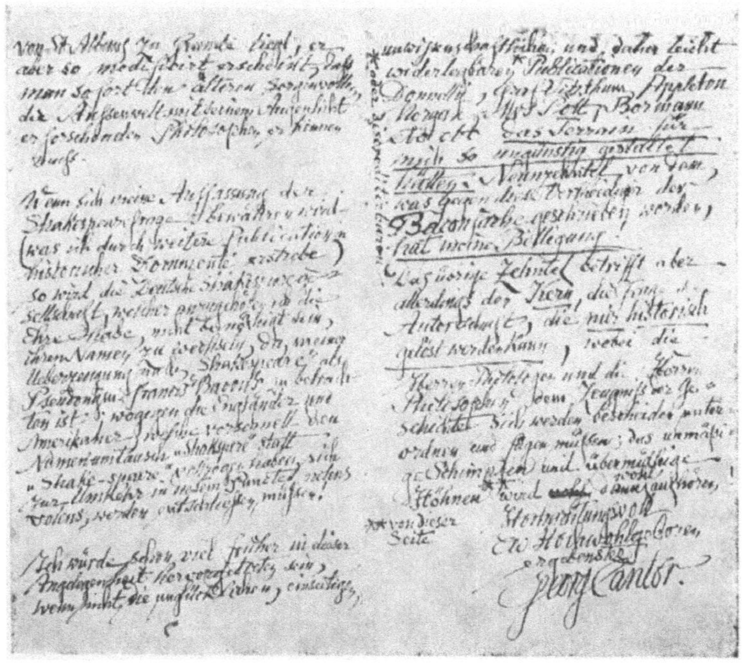

10 Auszug aus einem Brief Cantors an von Bojanowski betreffend die Bacon-Shakespeare-Theorie [Deutsche Shakespeare-Gesellschaft Weimar]

sogar der Meinung, daß seine Feststellungen eine weltpolitische Bedeutung hätten und daß man ihn gerade deshalb mundtot machen wollte. [127, S. 124]

Cantors Aktivitäten für die Bacon-Shakespeare-Theorie hatten größere Auswirkungen, als man annehmen sollte. Der Mitbegründer der wissenschaftlichen Anglistik in Deutschland, Jacob Schipper, führte Cantor an. Und in einer Rezension der einschlägigen Schriften Cantors wurde sogar behauptet: „Kaum war dieser beschluß veröffentlicht, so veröffentlichte G. Cantor seine zwei schriftchen und regte die Baconfrage neu an.“ [145, S. 405] Das Zitat bezieht sich darauf, daß 1896 die Deutsche Shakespeare-Gesellschaft beschlossen hatte, die Bacon-Shakespeare-Frage nicht mehr zu behandeln. Pikanterweise war nun Cantor seit 1889 selbst Mitglied der Deutschen Shakespeare-Gesellschaft. Seit (spätestens) 1899 wurde Cantor nicht mehr als Mitglied der Gesellschaft geführt. Da sich die Akten der Gesellschaft bislang nicht haben auffinden lassen, kann nicht entschieden werden, ob Cantor eventuell ausgeschlossen worden ist. Ein Ausschluß erscheint durchaus möglich, da Cantor nicht mit heftigen Ausfällen gegen den Vorstand der Deutschen Shakespeare-Gesellschaft geizte. So schrieb er im Vorwort zur „Rawleyschen Sammlung“, bezugnehmend auf ein Buch des deutschen Anglisten Eduard Engel, der die Vertreter der Bacon-Shakespeare-Theorie sehr grob angegriffen hatte:

Es dürfte genügen, diese nach gesellschaftlichem Ton und wissenschaftlichem Gehalt auf gleicher Höhe stehenden Auslassungen der Herren Oechelhäuser, Leo und Engel für niedriger gehängt zu haben, um über den Werth der derzeitigen Vertretung der „Deutschen Shakesp.-Ges“ ein Urtheil herbeizuführen. [41, S. 44]

Es muß zu solchen Auslassungen grundsätzlich bemerkt werden, daß die Auseinandersetzungen um die „Bacon-Shakespeare-Theorie“ von den Verfechtern ebenso wie von den Gegnern durchaus nicht in vornehmem Ton geführt wurden, sondern nur zu oft in gegenseitige Beschimpfungen ausarteten.

Offenbar hatte Cantor auch eine ausgedehnte Korrespondenz zu Fragen der Bacon-Shakespeare-Theorie geführt. Aus dieser Korrespondenz sind bisher nur wenige Fragmente bekannt gewoden. [111] Daß tatsächlich auch Cantors Beschäftigung mit der Bacon-Shakespeare-Theorie zunehmend krankhafte Züge annahm, beweist u. a. ein Brief an den Kurator der Universität Halle-Wittenberg vom 22. 10. 1899, in dem Cantor schrieb:

> Andrerseits bin ich in jüngster Zeit so glücklich gewesen, bei meinem jüngsten vierzehntägigen Aufenthalt in München im September dieses Jahres den Schlusstein zu meiner fünfzehnjährigen historisch-literarischen Arbeit über Francis Bacon of Verulam Viscount St. Alban zu entdecken in Gestalt eines ängmatischen Autographs des grössten neulateinischen Dichters, Jacobus Balde, S. J., dessen persönliche Identität mit Francis Bacon, der hiernach das hohe Alter von hundert und sieben Jahren 1561–1668, erreicht und seine letzten zwei und vierzig Lebensjahre 1626–1668 unserm Deutschen Vaterlande angehört und in Neuburg a Donau in der Hofkirche begraben liegt ich urkundlich beweisen kann. [42]

Krankhaft waren möglicherweise auch die Bemühungen Cantors, verschiedene andere „Autorenschaftsprobleme" zu lösen, so etwa die „wahre Identität" des Görlitzer Schumachers und Philosophen Jakob Böhme aufzuklären [111, S. 40], die wahre Bedeutung „des hervorragendsten englischen Mathematikers dieser Zeit ... John Dee" darzulegen [37], seine Wertung der „Rosenkreuzerei des sechzehnten und siebenzehnten Jahrhunderts ... (als) eine reale, Politik, Wissenschaft und Kunst geheimnisvoll beherrschende weltumspannende Macht" [43, Sp. 197]. Zur „Klärung" der „Dee-Frage" wollte Cantor sogar nach England reisen. Zu derartigen Problemen hatte er auch zweimal an der Universität Halle Vorlesungen angekündigt: Sommersemester 1898 über „Francis Bacon, sein Leben und seine Werke", Sommersemester 1900 „Ueber den wahren Autor der sogenannten Böhmeschen Schriften und das Wesen seiner Theosophie".

Am 28. 7. 1899 schrieb Cantor an Dedekind:

> Die Bacon-Shakespeare Frage dagegen ist bei mir vollständig zur Ruhe gekommen; sie hat mir viel Zeit und Geld gekostet; um sie weiter zu fördern, müßte ich noch viel größere Opfer bringen, nach England reisen, die dortigen Archive studieren etc. [83, S. 128]

Aber auch nach 1899 hat er sein Interesse für die Bacon-Shakespeare-Problematik nicht verloren.

Cantors Persönlichkeit und seine philosophischen Ansichten

1885 wurde in Göttingen ein Ordinariat frei. Auf der Vorschlagsliste standen neben Felix Klein wesentlich schwächere Mathematiker als Cantor wie z. B. Aurel Voss, Georg Hettner und Alfred Enneper. Cantor scheint nach der Berufung von Klein nach Göttingen endgültig die Hoffnung aufgegeben zu haben, in eines der Zentren der Mathematik des damaligen Deutschland berufen zu werden. Er ließ sich 1886 in Halle, Händelstraße 13 ein Haus bauen, damals am Stadtrand im Grünen gelegen. Das Haus ist erhalten geblieben; eine Gedenktafel links des Eingangs erinnert

11 Cantors Wohnhaus in Halle, Händelstraße 13 (heutiger Erhaltungszustand)

daran, daß hier einst Georg Cantor lebte und wirkte. Mit seinem – verglichen selbst mit anderen Ordinarien in Halle – geringen Gehalt (Wangerin z. B. war mit 5000 Mark Jahresgehalt eingestellt worden; Cantor bezog noch 1888 4000 Mark) hätte Cantor nie ein Haus finanzieren können. Er mußte zu diesem Zweck das vom Vater ererbte Geld angreifen.

Ein großes Zimmer im Ergeschoß diente Cantor als Arbeitsraum und gleichzeitig als Bibliothek. Alle Wände waren vom Fußboden bis zur Decke mit Bücherregalen vollgestellt. Cantor ist ein ungemein zäher und fleißiger Arbeiter gewesen. Tage und Nächte saß er in seinem Arbeitszimmer und dachte über die Probleme nach, die ihn gerade beschäftigten. Alles betrieb er mit großer Hartnäckigkeit und Gründlichkeit. Cantor war außerordentlich belesen und besaß eine umfassende Bildung. Daneben war er künstlerisch begabt. In seiner Jugend hatte er Violine gespielt. Er konnte vorzüglich malen, wovon einige erhalten gebliebene Arbeiten Zeugnis ablegen. Fraenkel zeichnete in seiner Cantor-Biographie von 1930 nach Erinnerungen von Zeitgenossen ein plastisches Bild von Cantors Persönlichkeit:

Was die Persönlichkeit C.s im allgemeinen betrifft, so berichten alle, die ihn kannten, von seinem sprühenden, witzigen, originellen Naturell, das leicht zur Explosion neigte und stets von heller Freude über die eigenen Einfälle war; von dem niemals ermüdenden Temperament, das die Teilnahme seiner auch äußerlich imponierenden, großen Gestalt an einer Mathematikerversammlung zu einem ihrer lockendsten Reize machte, das bis in die späte Nacht wie auch in früher Morgenstunde seine Gedanken (zu seinen mathematischen und den vielseitigen außermathematischen Interessengebieten) förmlich überquellen ließ; von seinem lauteren Charakter, treu seinen Freunden, hilfreich, wo es nötig war, liebenswürdig im Verkehr; nebenbei auch von einer typischen Gelehrtenzerstreutheit. Im mündlichen wissenschaftlichen Gedankenaustausch war er mehr der Gebende; es lag ihm nicht, unmittelbar vorgetragene fremde Ideen sogleich aufzufassen. All seinen Gedanken war er mit der gleichen Liebe und Intensität hingegeben; in stärkerem Maße vielleicht noch als der aufgewandte Scharfsinn und selbst als die mit begrifflicher Gestaltungskraft gepaarte geniale Intuition ist die ungeheure Energie, mit der er seine Gedanken über alle Hindernisse und Hemmungen hinweg verfolgte und an ihnen festhielt, das Instrument gewesen, dem wir die Entstehung der Mengenlehre zu danken haben. [67, S. 218]

Die Familie Cantor führte ein sehr gastfreies Haus. Oft traf man sich mit Gelehrten der Universität zu geistvoller Unterhaltung und zu Hausmusik, die Vally Cantor wesentlich mitgestaltete. Bald hieß es, daß die schönsten Festlichkeiten in Halle im Cantorschen Hause begangen würden. [157, S. 17] Dort konnte man den berühmten Chirurgen Richard von Volkmann treffen, die Philosophen Vaihinger und Husserl, den Nationalökonomen Conrad, den Strafrechtler von Liszt, den Archäologen Carl Robert und den Mathematiker Wangerin. In Cantors Haus verkehrten auch der Kunsthistoriker Gustav Droysen, dessen berühmter Vater noch im 1848er Parlament gesessen hatte, sowie Robert Franz, der Leiter der Singakademie, der des öfteren das Talent von Vally Cantor für solistische Einsätze mit seinem Chor nutzte.

In den Ferien zog es Cantor in die Natur. Bei mehrwöchigen Aufenthalten im Harz, meist in Friedrichsroda, suchte er auf ausgedehnten Wanderungen Erholung und Entspannung. Cantor wird als liebevoller Familienvater geschildert. War er auf Reisen, so schrieb er zahlreiche Briefe an seine Kinder und seine Frau. Später ließ er sich öfters von seinen Kindern begleiten, z. B. von seinen Töchtern Else und Gertrud zum I. Internationalen Mathematikerkongreß nach Zürich. Als das stimmliche Vermögen seiner Tochter Else offenbar wurde, nutzte er eine Reise, um mit berühmten Sängern und Gesangspädagogen über weitere Ausbildungsmöglichkeiten für seine Tochter zu sprechen. Besonders hing er an seinem jüngsten Sohn Rudolf, von dem er meinte, daß er Talent genug hätte, die Böhmsche Familientradition der Virtuosen fortzusetzen. Es traf ihn ganz besonders hart, als der Junge mit 12 Jahren einem Herzschlag erlag. Dieses Ereignis mag dazu beigetragen haben, daß die gesundheitliche Krisis Cantors im Jahre 1899 besonders schwerwiegend und langwierig war.

Wie wir aus den Erinnerungen von Kowalewski [127] und neuerdings auch aus den archivalischen Quellen wissen [1, Bd. XXII, Bl. 24], veranstalteten die Hallenser und Leipziger Mathematiker regelmäßig ein gemeinsames mathematisches Kränzchen, welches abwechselnd in Leipzig und Halle tagte. Es wurde von den jungen Extraordinarien und Privatdozenten getragen; die Ordinarien beteiligten sich daran nicht. Eine Ausnahme war Cantor (und später Otto Hölder), der regelmäßig teilnahm und nicht selten das ganze Kränzchen zu sich nach Hause einlud. Überhaupt hat er sich gerne im Kreise der Jüngeren aufgehalten und ist seinen Studenten und den jungen Privatdozenten stets ein wohlwollender Förderer gewesen.

Cantor hat 44 Jahre lang (1869–1913) als akademischer Lehrer gewirkt. Er hat in dieser Zeit über ein ungewöhnlich breites Spektrum mathematischer Gegenstände vorgetragen. So las er außer den mathematischen Grundvorlesungen beispielsweise über Zahlentheorie, abelsche Gleichungen, quadratische Formen, Theorie der algebraischen Zahlen, elliptische Funktionen, Fourierreihen, Wahrscheinlichkeitsrechnung, analytische Mechanik, Hydrodynamik, Potentialtheorie, Variationsrechnung, Differentialgeometrie, Methodik des Mathematikunterrichts und anderes mehr (vgl. [122, S. 89–94]). Die Vorlesungen Cantors scheinen für Anfänger nicht ganz einfach gewesen zu sein; in einem Antrag der Universität auf Gehaltserhöhung des außerordentlichen Professors Wiltheiß vom 9. 8. 1889 heißt es nämlich:

Professor Wiltheiss füllt nach meiner unmassgeblichen Ansicht in der That eine Lücke an der Universität Halle aus, da die Vorlesungen des Professor Cantor für Anfänger wenig geeignet sind, ... [1, Bd. XVI, Bl. 226]

Bemerkenswert ist, daß Cantor nie eine Vorlesung über Mengenlehre angekündigt hat. Mengentheoretische Themen wurden höchstens im mathematischen Seminar besprochen. Eine Ausnahme könnte die für das Sommersemester 1885 angekündigte Vorlesung „Zahlentheorie als Einleitung in die Theorie der Ordnungstypen" gebildet haben (vgl. [79, S. 81]). Cantor hat seine Ideen stets selbst ausgeführt. Deshalb, und natürlich auch wegen des provinziellen Charakters der Halleschen Universität, hat er kaum bedeutende Schüler gehabt. Der einzige unter seinen Studenten, der später durch mengentheoretische Arbeiten Bedeutung erlangt hat, war Felix Bernstein.

Cantor hat wie kaum ein anderer Mathematiker seine Wissenschaft auch philosophisch einzubetten und zu begründen gesucht. Zu diesem Zweck betrieb er umfangreiche philosophische und philosophiehistorische Studien. Diese Bestrebungen hatten durchaus ihre Berechtigung, berührten seine Forschungen doch Kategorien wie die des Unendlichen und des Kontinuums, die seit der Antike Gegenstand des philosophischen Denkens gewesen sind. Cantors philosophische Grundposition war der Platonismus, wenn man diese Feststellung auch in einigen Punkten modifizieren muß. Meschkowski hält Cantor für den „wohl letzten großen Vertreter des platonischen Denkens in der Mathematik". [144, Vorwort]

Platon gilt in der Philosophiegeschichte als der Begründer des objektiven Idealismus. Das Primäre bei Platon ist eine hierarchisch geordnete Welt der Ideen, die objektiv existiert. Die Ideen können weder entstehen noch vergehen. Sie sind ewig sich selbst gleich und damit keinen Veränderungen unterworfen. Die der Sinneswahrnehmung zugängliche Welt ist sekundär. Die Welt der Ideen bestimmt das Dasein und die Qualität der Dinge. Platons Erkenntnistheorie kann konsequenterweise nicht von der Sinneswahrnehmung und Erfahrung ausgehen, denn diese beziehen sich auf die sekundäre Welt der Dinge, die, wenn nicht überhaupt illusorisch, so doch ein unvollkommenes Bild von der Welt der Ideen gibt. Platons Dogma von der Unsterblichkeit der Seele liefert den Ansatzpunkt für seine Erkenntnistheorie: Erkenntnis ist Wiedererinnerung der Seele an einst in der Welt der Ideen Geschautes. Wissen gewinnt die Seele aus ihrer Selbstbetrachtung. Es ist a priori vorhanden, nur sozusagen verschüttet. Durch Lernen und Forschen wird es wieder zutage gefördert: „Denn das Suchen und Lernen ist eben durchweg Wiedererinnerung." [179, S. 220] Platon sah in der Mathematik ein vorzügliches Beispiel zur Erläuterung und Untermauerung seiner Ideenlehre. Nicht umsonst hat über dem Eingang seiner um 387 v. u. Z. im Hain des Akademos vor den Mauern Athens gegründeten Philosophenschule – will man der Überlieferung Glauben schenken – der Spruch gestanden: Nur dem der Mathematik Kundigen wird Eintritt gewährt. Begriffe wie Kreis, Dreieck, Zahl usw. schienen Platon Beispiele für Elemente aus der Welt der Ideen zu sein. Die Mathematiker – so Platon – führen ihre Überlegungen nicht wegen des unvollkommenen Kreises aus, den sie gerade zeichnen, sondern um den Kreis „an und für sich" zu erkennen, „und ebenso benutzen sie bei den übrigen Figuren jene einzelnen, die sie bilden und zeichnen, ..., eben nur als Abbilder, weil sie ja jene anderen an sich selbst seienden zu schauen suchen, die man wohl nicht in anderer Weise als eben durch das Nachdenken schauen kann". [158, S. 253] (Bezüglich einer ausführlichen historischen Darstellung des Platonismus und seiner Wurzeln sei auf [179] verwiesen.)

Die erste wichtige Frage, die Cantor sich stellen mußte, war die nach der Ontologie, d. h. nach der Seinsweise seiner Mengen, transfiniten Zahlen usw. Dies ist auch heute eine der Kernfragen bei der Beschäftigung mit philosophischen Problemen der Mathematik. Es gibt drei große Linien bei der Beantwortung dieser Frage: 1. Die materialistische Linie (die spontan von zahlreichen,

auch religiösen Gelehrten wie Leonhard Euler vertreten wurde) behauptet, daß die Begriffe und Gesetzmäßigkeiten der Mathematik Widerspiegelungen von Eigenschaften, Beziehungen und Strukturen der objektiven Realität sind, die durch einen Abstraktionsprozeß gewonnen werden. Die so gewonnenen ideellen Strukturen haben ebenfalls objektiven Charakter und können wiederum als Gegenstand mathematischer Untersuchungen dienen usw. Das beinhaltet eine relative Selbständigkeit der Entwicklung mathematischer Strukturen ohne unmittelbaren Rückgriff auf die physische Erscheinungswelt. 2. Die Linie des subjektiven Idealismus, der behauptet, die mathematischen Begriffe und Sätze sind Produkte der rein subjektiv aufgefaßten schöpferischen Tätigkeit des Menschen. Der subjektive Idealismus ist die wesentliche philosophische Basis des Intuitionismus. 3. Die Linie des objektiven Idealismus, der den Objekten der Mathematik unabhängig von der real erfahrbaren Welt eine Existenz in einer objektiven Welt der Ideen oder „idealen Objekte“ zuweist.
Es wird in der Gegenwart immer deutlicher, daß nur die materialistische Linie in der Lage ist, die historische Entwicklung der Mathematik zu erklären und eine ausreichende methodologische Basis für die komplizierte Dialektik des mathematischen Erkenntnisprozesses zu liefern.
Die deutlichste Äußerung Cantors über sein philosophisches Credo findet sich auf einem Zettel in seinem Nachlaß, vermutlich aus dem Jahre 1913 stammend:

Ohne ein Quentchen Metaphysik läßt sich, meiner Überzeugung nach, keine exacte Wissenschaft begründen. Man entschuldige daher die wenigen Worte, welche ich im Eingang über diese in neuerer Zeit meist so verpönte Doctrin zu sagen wage. Metaphysik ist, wie ich sie auffasse, die Lehre vom *Seienden*, oder was dasselbe bedeutet von dem was *da* ist, d. h. existirt, also von der Welt wie sie an sich ist, nicht wie sie uns erscheint. Alles was wir mit den Sinnen wahrnehmen und mit unserm abstracten Denken uns vorstellen ist *Nichtseiendes* und damit höchstens eine Spur des an sich Seienden. [144, S. 114]

Wenn man bedenkt, daß zur Zeit, als Cantor diese Zeilen schrieb, der Positivismus die fast unumschränkt herrschende Philosophie der Mathematiker und Naturwissenschaftler war, so sollte man diesem Bekenntnis, trotz der objektiv-idealistischen Grundtendenz, auch eine positive Seite abgewinnen: Wir sind heute ebenfalls der Meinung, daß man ohne philosophische Grundlage keine Wissenschaft begründen kann. Dann folgt bei Cantor eine klare Absage an den subjektiven Idealismus:

Wir *sind*, da wir *existiren*, also giebt es ein Seiendes. Nicht nur wir sind da, auch andere von uns verschiedene Seiende sind da, wir leben zusammen und machen eine Welt aus, deren Teile alle miteinander in Verkehr stehen. Wer dies zu leugnen wagt, ziehe sich in sein eigenes Selbst zurück und sehe zu, wie weit er damit komme. [144, S. 114]

Für die Mengenlehre beansprucht Cantor ein Sein in einem so aufgefaßten metaphysischen Sinne: „Die allgemeine Mengenlehre ... gehört durchaus zur Metaphysik" [143, S. 513], so schreibt Cantor 1896 an den Pater Th. Esser. Speziell zur Existenzfrage heißt es in [29, Teil V]:

Wir können in zwei Bedeutungen von der Wirklichkeit oder Existenz der ganzen Zahlen, der endlichen sowie der unendlichen sprechen; genau genommen sind es aber dieselben zwei Beziehungen, in welchen allgemein die Realität von irgend welchen Begriffen und Ideen in Betracht gezogen werden kann. Einmal dürfen wir die ganzen Zahlen insofern für wirklich ansehen, als sie auf Grund von Definitionen in unserm Verstande einen ganz bestimmten Platz einnehmen, von allen übrigen Bestandteilen unseres Denkens aufs beste unterschieden werden, zu ihnen in bestimmten Beziehungen stehen und somit die Substanz unseres Geistes in bestimmter Weise modifizieren, es sei mir gestattet, diese Art der Realität unsrer Zahlen ihre *intrasubjektive* oder *immanente* Realität zu nennen. Dann kann aber auch den Zahlen insofern Wirklichkeit zugeschrieben werden, als sie für einen Ausdruck oder ein Abbild von Vorgängen und Beziehungen in der dem Intellekt gegenüberstehenden Außenwelt gehalten werden müssen, als ferner die verschiedenen Zahlklassen (I), (II), (III) u. s. w. Repräsentanten von Mächtigkeiten sind, die in der körperlichen und geistigen Natur tatsächlich vorkommen. Diese zweite Art der Realität nenne ich die *transsubjektive* oder auch *transiente* Realität der ganzen Zahlen. [29, S. 181]

Cantor ist nun mit Platon davon überzeugt, daß jede Idee der objektiven Ideenwelt (jeder Begriff mit „immanenter Realität") auch etwas in der realen Welt bestimmt (auch „transiente Realität" besitzt) und schreibt:

Diese Überzeugung stimmt im wesentlichen sowohl mit den Grundsätzen des Platonischen Systems, wie auch mit einem wesentlichen Zuge des Spinozaschen Systems überein; ... [29, S. 206]

Bezüglich Spinoza verweist er auf dessen Ausspruch „ordo et connexio idearum idem est ac ordo et connexio rerum" (die Ordnung und die Verknüpfung der Ideen ist dieselbe wie die Ordnung und Verknüpfung der Dinge – W. P.). In der Begründung für diesen

Zusammenhang geht Cantor jedoch weit über Platon hinaus und argumentiert spontan materialistisch: „Dieser Zusammenhang beider Realitäten hat seinen eigentlichen Grund in der *Einheit* des *Alls,* zu welchem *wir selbst mit gehören.*" [29, S. 182] Dazu ist zu bemerken, daß das Verhältnis der sinnlich wahrnehmbaren Welt, der Erscheinungswelt, zu der Welt des Allgemeinen, der Ideenwelt die Crux der platonischen Philosophie ist und von Platon nirgends erschöpfend oder endgültig behandelt worden ist.

In der Bestimmung des Wesens der Erkenntnis schließt sich Cantor ebenfalls eng an Platon an:

Erst seit dem neueren Empirismus, Sensualismus und Skeptizismus, sowie dem daraus hervorgegangenen Kantischen Kritizismus glaubt man die Quelle des Wissens und der Gewißheit in die Sinne oder doch in die sogenannten reinen Anschauungsformen der Vorstellungswelt verlegen und auf sie beschränken zu müssen; meiner Überzeugung nach liefern diese Elemente durchaus keine sichere Erkenntnis, weil letztere nur durch Begriffe und Ideen erhalten werden kann, die von äußerer Erfahrung höchstens angeregt, der Hauptsache nach durch innere Induktion und Deduktion gebildet werden als etwas, was in uns gewissermaßen schon lag und nur geweckt zum Bewußtsein gebracht wird. [29, S. 207]

Bezüglich der Ablehnung des Sensualismus, der die sinnliche Stufe des Erkenntnisprozesses verabsolutiert, kann man Cantor unbedingt zustimmen. Cantor begeht nur den entgegengesetzten Fehler: er verabsolutiert die rationale Stufe des Erkenntnisprozesses. Allerdings ist ihm das im Hinblick auf den extrem abstrakten Charakter seiner Schöpfungen gar nicht zu verdenken, zumal wenn man berücksichtigt, daß er mit der dialektisch-materialistischen Erkenntnistheorie, wie sie erst von Marx, Engels und vor allem von Lenin ausgearbeitet worden ist, nicht in Berührung kam.

Wie dachte sich Cantor nun die transiente Realität seiner transfiniten Zahlen? In seiner Arbeit [32] von 1885 heißt es dazu:

Ich gehe von der Ansicht aus, mit welcher ich mich in Übereinstimmung mit der heutigen Physik zu befinden glaube, daß zwei *spezifisch verschiedene, aufeinander wirkende Materien* ... zugrunde zu legen sind, die *Körpermaterie* und die *Äthermaterie,* ... ...; in dieser Beziehung habe ich mir schon vor Jahren die *Hypothese* gebildet, daß die *Mächtigkeit* der *Körpermaterie* diejenige ist, welche ich in meinen Untersuchungen die *erste* Mächtigkeit nenne, daß dagegen die *Mächtigkeit* der *Äthermaterie* die *zweite* ist. [32, S. 275/276]

An mehreren Stellen in seinen Werken verspricht Cantor Arbeiten, in denen er darauf näher eingehen wolle; er hat dieses Verspre-

chen allerdings nie eingelöst. Die moderne Physik unserer Zeit hat über die Struktur der Materie Erkenntnisse gewonnen, die Cantors Hypothesen in der obigen Form als unhaltbar erweisen. Allerdings sollte man nicht voreilig, weil die Ätherhypothese gefallen ist, Cantors Idee, das Kontinuum mit der Natur in Verbindung zu bringen, als völlig absurd zurückweisen. Die klassischen Feldtheorien der Physik, die ja als Näherungen weiterhin durchaus ihre große Bedeutung haben, basieren auf dem Begriff des Kontinuums. Und wenn man den Leitsatz „omnis determinatio est negatio" (jede Determination ist Negation) akzeptiert, so wird der Begriff des Diskreten ohne Bezug auf sein dialektisches Gegenstück jeden Sinn verlieren, weshalb es scheint, daß die Vorstellung des Kontinuierlichen aus der Physik nicht eliminierbar ist.
Was die wissenschaftliche Methodologie der Mathematik betrifft, so hat Cantor in seinen Bemerkungen dazu den platonistischen Standpunkt teilweise verlassen. Zunächst leitet er aus dem Zusammenhang von immanenter und transienter Realität ganz im platonistischen Sinne die Folgerung ab, daß die Mathematik

bei der Ausbildung ihres Ideenmaterials *einzig* und *allein* auf die immanente Realität ihrer Begriffe Rücksicht zu nehmen und daher *keinerlei* Verbindlichkeit hat, sie auch nach ihrer *transienten* Realität zu prüfen. Wegen dieser ausgezeichneten Stellung, die sie von allen anderen Wissenschaften unterscheidet und die eine Erklärung für die verhältnismäßig leichte und zwanglose Art der Beschäftigung mit ihr liefert, verdient sie ganz besonders den Namen der *freien Mathematik,* eine Bezeichnung, welcher ich, wenn ich die Wahl hätte, den Vorzug vor der üblich gewordenen „reinen" Mathematik geben würde. [29, S. 182]

Dann folgen jedoch Einschränkungen, die mit der Platonschen Ideenlehre unvereinbar sind. Die Begriffe müssen „in sich widerspruchslos" sein, „als auch in festen durch Definitionen geordneten Beziehungen zu den vorher gebildeten, bereits vorhandenen und bewährten Begriffen stehen". [29, S. 182] Das sind methodologische Korrektive, die für die Auffassung von der Existenz und „Entdeckung" einer a prioristischen unveränderlichen Ideenwelt absolut überflüssig sind. Aber Cantor geht noch weiter: Jeder mathematische Begriff trägt nach seiner Meinung „das nötige Korrektiv in sich selbst einher; ist er unfruchtbar oder unzweckmäßig, so zeigt er es sehr bald durch seine Unbrauchbarkeit und er wird alsdann wegen mangelnden Erfolges fallen gelassen". [29, S. 182] Die Prädikate „fruchtbar" oder „unfruchtbar" sind in einer Platonschen Ideenwelt undenkbar. Und nach welchen Kriterien soll darüber entschieden werden? Cantor gibt darauf zwar keine explizite Antwort, aber die Wortwahl „fruchtbar" – „unfruchtbar" läßt als Entscheidungskriterium nur die menschliche Praxis (im allgemeinsten Sinne menschlicher Tätigkeit, d. h. einschließlich der innermathematischen Praxis) zu, und zwar nicht im Sinne einer ad-hoc-Entscheidung, sondern im Sinne einer Entscheidung in einem historischen Prozeß. Cantor zieht aus all dem folgende methodologische Schlußfolgerung:

Es ist, wie ich glaube, nicht nötig, in diesen Grundsätzen irgend eine Gefahr für die Wissenschaft zu befürchten, ... Dagegen scheint mir aber jede überflüssige Einengung des mathematischen Forschungstriebes eine viel größere Gefahr mit sich zu bringen und eine um so größere, als dafür aus dem Wesen der Wissenschaft wirklich keinerlei Rechtfertigung gezogen werden kann; denn das *Wesen* der *Mathematik* liegt gerade in ihrer *Freiheit*. [29, S. 182]

Man kann über die methodologische Grundhaltung Cantors natürlich verschiedener Meinung sein. Sicher kann man sie vom gegenwärtigen Standpunkt moderner Wissenschaftsentwicklung nicht uneingeschränkt akzeptieren. Zu Cantors Korrektiven wird zumindest die Frage treten müssen, welche Ziele im Interesse der Gesamtentwicklung der Wissenschaft oder noch allgemeiner der menschlichen Gesellschaft mit der Forschung verfolgt werden, welche Probleme man lösen will. Auch das hatte Cantor schon im Auge, denn er soll immer rasch mit der Frage bei der Hand gewesen sein, welches Interesse denn diese oder jene mathematische Untersuchung habe. Wir meinen jedoch, daß Cantors methodologische Grundhaltung auch eine Reihe positiver Elemente enthält, die man hervorheben sollte: 1. Sie geht von einer erkenntnisoptimistischen Grundhaltung aus. 2. Sie trägt der historischen Erfahrung Rechnung, daß in der Mathematik die Perioden relativer Eigenentwicklung von Ideen sich über mehrere Generationen von Individuen erstrecken können, so daß ein einzelnes Individuum durchaus ohne Rückgriff auf die „transiente Realität" Bedeutendes leisten kann. Die Mathematik als integrative Querschnittsdisziplin hat im System der Wissenschaften eine starke Vorlauffunktion, weshalb jedes kleinliche utilitaristische Herangehen an die Mathematik besonders schädlich ist. 3. Sie berücksichtigt ferner die historische Erfahrung, daß in der Mathematik in aller Regel relativ junge Menschen die Träger des Fortschritts sind. Aber gerade junge Menschen können sehr leicht durch „Autoritäten" dominiert werden. Cantors methodologische Empfehlungen zielen auf die Selbständigkeit des jungen Forschers, auf seine eigene Urteilsfähigkeit, auf Eigenschaften also, die wir heute nicht genug betonen können.

Ein großer Teil von Cantors mathematisch-philosophischen Erörterungen ist der Verteidigung seiner Überzeugung von der Existenz des Aktual-Unendlichen gewidmet. Er setzte sich mit mathematischen, philosophischen und auch theologischen Argumentationen sowohl von Zeitgenossen als auch von Gelehrten der Vergangenheit gegen das Aktual-Unendliche auseinander. Sein Ausgangspunkt ist die eigene felsenfeste Überzeugung, daß er durch die Schaffung der transfiniten Mengenlehre die Existenz des Aktual-Unendlichen mathematisch gesichert hat:

Zu dem Gedanken, das Unendlichgroße nicht bloß in der Form des unbegrenzt Wachsenden und in der hiermit eng zusammenhängenden Form der im siebzehnten Jahrhundert zuerst eingeführten konvergenten unendlichen Reihen zu betrachten, sondern es auch in der bestimmten Form des Vollendet-Unendlichen mathematisch durch Zahlen zu fixieren, bin ich fast wider meinen Willen, weil im Gegensatz zu mir wertgewordenen Traditionen, durch den Verlauf vieljähriger wissenschaftlicher Bemühungen und Versuche logisch gezwungen worden, und ich glaube daher auch nicht, daß Gründe sich dagegen werden geltend machen lassen, denen ich nicht zu begegnen wüßte. [29, S. 175]

In den „Mitteilungen zur Lehre vom Transfiniten", die Cantor 1887 und 1888 in der Zeitschrift für Philosophie und philosophische Kritik veröffentlichte [35], unterscheidet er drei Arten der Existenz des Aktual-Unendlichen:

erstens sofern es in der höchsten Vollkommenheit, im völlig unabhängigen, außerweltlichen Sein, *in Deo* [in Gott] realisiert ist, wo ich es *Absolutunendliches* oder kurzweg *Absolutes* nenne; *zweitens* sofern es in der abhängigen, kreatürlichen Welt vertreten ist; *drittens* sofern es als mathematische Größe, Zahl oder Ordnungstypus vom Denken *in abstracto* aufgefaßt werden kann. In den *beiden* letzten Beziehungen, wo es offenbar als beschränktes, noch weiterer Vermehrung fähiges und insofern *dem Endlichen verwandtes* A.-U. sich darstellt, nenne ich es *Transfinitum* und setze es dem *Absoluten* strengstens entgegen. [35, S. 378]

Mit der Anerkennung der Existenz des in Deo realisierten Unendlichen unternimmt Cantor den Versuch, den alten Spekulationen über die Identität eines unveränderlichen und unteilbaren, durch den Verstand nicht erfaßbaren Unendlich mit Gott Rechnung zu tragen und damit der Theologie ein entsprechendes Feld einzuräumen. Das entspricht seinem Bestreben als tief gläubiger Mensch, Glauben und Wissenschaft zu vereinigen. Aber er erkennt sehr wohl und betont das auch mehrfach, daß dieser Begriff einer wissenschaftlich-mathematischen Bearbeitung nicht zugänglich ist und sich damit – wie wir heute feststellen können – in nichts von einem Glaubensdogma unterscheidet. Gleichzeitig dient ihm das Absolute dazu, die Gegenstände der wissenschaftlichen Forschung von der Theologie abzugrenzen, indem er im Gegensatz zum Absoluten die Kategorie des Transfiniten einführt. Mit der Existenz des Transfiniten in der kreatürlichen Welt meint Cantor seine Hypothesen über die Existenz abzählbar vieler Körperatome und die Existenz eines „Äthers" von der Mächtigkeit der zweiten Zahlklasse.

Cantor hat sorgfältig alle Gegenargumente, die im Laufe der Jahrhunderte von Mathematikern, Philosophen und Theologen gegen die Existenz des Aktual-Unendlichen vorgebracht wurden, gesammelt und analysiert. In seinen Briefbüchern, die sich jetzt in seinem Nachlaß in der Handschriftenabteilung der Universitätsbibliothek Göttingen befinden, gibt es umfangreiche Zusammenstellungen solcher Äußerungen. Besonders interessierte er sich für „Widerlegungen" der Existenz unendlicher Zahlen. So hatte Aristoteles argumentiert, daß das Endliche vom Unendlichen aufgehoben werden würde, weil eine endliche Zahl durch eine unendliche vernichtet würde. Cantor begegnete dem mit dem Hinweis auf die beiden verschiedenen transfiniten Ordnungszahlen ω und $\omega + 1$. Ein anderes Argument lautete, daß eine unendliche Zahl gleichzeitig gerade und ungerade sein müßte. Darauf konnte Cantor erwidern, daß ω weder gerade noch ungerade ist, weil es in keiner der beiden Formen $\alpha \cdot 2$ bzw. $\alpha \cdot 2 + 1$ darstellbar ist. Auch mit platten Auffassungen Eugen Dührings zur Unendlichkeitsproblematik hat sich Cantor auseinandergesetzt; um dieselbe Zeit erfolgte das von philosophischer Seite durch Engels. [135] Seine zusammenfassende Antwort auf alle Einwände formulierte Cantor in einem Brief an Gustav Eneström vom 4. 11. 1885, der in der Zeitschrift für Philosophie und philosophische Kritik, Bd. 88, abgedruckt wurde:

Alle sogenannten Beweise wider die Möglichkeit aktual unendlicher Zahlen sind, wie in jedem Falle besonders gezeigt und auch aus allgemeinen

Gründen geschlossen werden kann, der Hauptsache nach dadurch fehlerhaft, ... daß sie von vornherein den in Frage stehenden Zahlen alle Eigenschaften der endlichen Zahlen zumuten oder vielmehr aufdrängen, während die unendlichen Zahlen doch andrerseits, wenn sie überhaupt in irgendeiner Form denkbar sein sollen, durch ihren Gegensatz zu den endlichen Zahlen ein ganz neues Zahlengeschlecht konstituieren müssen, dessen Beschaffenheit von der Natur der Dinge durchaus abhängig und Gegenstand der Forschung, nicht aber unserer Willkür oder unserer Vorurteile ist. [34, S. 371/372]

Es ist nun merkwürdig, daß Cantor in seinem Kampf gegen die Existenz unendlich kleiner Zahlen demselben Fehler verfällt. Cantor hatte zunächst durchaus recht, die zeitgenössischen Versuche etwa von Thomae, Stolz und Du Bois-Reymond, unendlich kleine Größen einzuführen, als verfehlt abzulehnen. Seinem Temperament entsprechend polemisierte er heftig gegen diese Autoren: In einem Brief an Vivanti vom 13. 12. 1893 nannte er die unendlich kleinen Größen den *„infinitären Cholera-Bazillus der Mathematik“* [143, S. 505], oder er sprach von „papiernen Größen“, die *„gar keine andere Existenz haben als* auf dem Papiere ihrer Entdecker und Anhänger“ und folglich in den Papierkorb gehörten. [143, S. 506/507] Cantor hat seinerseits versucht, mit Hilfe der Ordinalzahltheorie zu beweisen, daß es unendlich kleine Zahlen nicht geben kann. [35, S. 407/408] Hierzu bemerkte Ernst Zermelo, der Herausgeber der Gesammelten Werke Cantors, ganz treffend:

Die Nicht-Existenz „aktual-unendlichkleiner Größen“ läßt sich ebensowenig beweisen, wie die Nicht-Existenz der Cantorschen Transfiniten, und der Fehlschluß ist in beiden Fällen ganz der nämliche, indem den neuen Größen gewisse Eigenschaften der gewöhnlichen „endlichen“ zugeschrieben werden, die ihnen nicht zukommen können. [35, S. 439]

In einem erst kürzlich von Wolfgang Eccarius in Gotha aufgefundenen Brief an Kurd Laßwitz [60] hat Cantor seine Meinung allerdings relativiert und die Möglichkeit eingeräumt, daß es späteren Forschern gelingen könne, unendlich kleine Größen streng zu definieren. Diese Voraussicht hat sich in unserer Zeit bestätigt: In der sogenannten Nichtstandardanalysis werden unendlichkleine Größen exakt eingeführt. Allerdings muß man, wie nicht anders zu erwarten war, einige Eigenschaften der üblichen reellen Zahlen fallen lassen und zu nichtarchimedischen Körpern übergehen. [164]

Ein sehr bemerkenswertes Argument Cantors für die Existenz des Aktual-Unendlichen, welches von echt dialektischem Denken zeugt, sei noch hervorgehoben:

Unterliegt es nämlich keinem Zweifel, daß wir die *veränderlichen* Größen im Sinne des potentialen Unendlichen nicht missen können, so läßt sich daraus auch die Notwendigkeit des Aktual-Unendlichen folgendermaßen beweisen: Damit eine solche veränderliche Größe in einer mathematischen Betrachtung verwertbar sei, muß streng genommen das „Gebiet" ihrer Veränderlichkeit durch eine Definition vorher bekannt sein; dieses „Gebiet" kann aber nicht selbst wieder etwas Veränderliches sein, da sonst jede feste Unterlage der Betrachtung fehlen würde; also ist dieses „Gebiet" eine bestimmte aktual-unendliche Wertmenge.
So setzt jedes potentiale Unendliche, soll es streng mathematisch verwendbar sein, ein Aktual-Unendliches voraus. [35, S. 410/411]

Diesen Gedanken verwendet Cantor auch in seiner Polemik gegen die Vertreter der Herbartschen Philosophie. Von Geist und Ironie sprühend, wahrhaft literarisch, mögen diese Sätze zur Ergötzung des Lesers hier noch Platz finden:

Ist es den Herren gänzlich aus der Erinnerung gekommen, daß, von den Reisen abgesehen, die in der Phantasie oder im Traume ausgeführt zu werden pflegen, daß, sage ich, zum sichern Wandeln oder Wandern *fester Grund und Boden* sowie ein *geebneter Weg* unbedingt erforderlich sind, ein Weg, der nirgends abbricht, sondern überall, wohin die Reise führt, gangbar sein und bleiben muß? Ist denn die Mahnung, welche Heinrich Hoffmann in seinem „Struwelpeter" (...) mit dem „Hans Guck in die Luft" so deutlich uns allen zu Gemüte geführt hat, nur an den Herren Herbartianern ohne jeden Eindruck geblieben? Die weite Reise, welche Herbart seiner *„wandelbaren Grenze"* vorschreibt, ist *eingestandenermaßen nicht* auf einen endlichen Weg beschränkt, so muß denn ihr Weg ein *unendlicher*, und zwar, weil er *seinerseits nichts Wandelndes*, sondern überall fest ist, ein *aktual-unendlicher Weg* sein. Es fordert also *jedes potentiale Unendliche* (die wandelnde Grenze) ein *Transfinitum* (den sichern Weg zum Wandeln) *und kann ohne letzteres nicht gedacht werden* (...). Da wir uns aber durch unsre Arbeiten der breiten Heerstraße des Transfiniten versichert, sie wohl fundiert und sorgsam gepflastert haben, so öffnen wir sie dem Verkehr und stellen sie als eiserne Grundlage, nutzbar allen Freunden des potentialen Unendlichen, im besondern aber der wanderlustigen Herbartschen „Grenze" bereitwillig zur Verfügung; gern und ruhig überlassen wir die rastlose der Eintönigkeit ihres durchaus nicht beneidenswerten Geschicks; wandle sie nur immer weiter, es wird ihr von nun an nie mehr der Boden unter den Füßen schwinden. Glück auf die Reise! [35, S. 392/393]

Das Bild Cantors wäre unvollständig, fänden seine Beziehungen zur Theologie keine Erwähnung. Cantor hatte in seiner Bibliothek zahlreiche, z. T. sehr alte und sehr wertvolle theologische Schriften.

Er war mit theologischen Argumentationen, insbesondere zum Problem des Unendlichen, wohl vertraut, kannte die Lehren des Thomas von Aquino und anderer scholastischer Denker und war auch in der zeitgenössischen theologischen Literatur bewandert. Er korrespondierte freundschaftlich mit einer Reihe katholischer Theologen, z. B. mit dem Kardinal Franzelin und einigen namhaften Jesuiten, darunter auch solchen, die während des „Kulturkampfes" aus Deutschland ausgewiesen worden waren. Ein solches Engagement ist für einen Mathematiker und Naturwissenschaftler des 19. Jahrhunderts doch recht ungewöhnlich.

Ein wichtiger Grund dafür war sicher die aus Cantors religiöser Überzeugung geborene Absicht, „eine Hamonie zwischen Glauben und Wissen [zu] erstreben" [34, S. 370]. Zu diesem Zwecke wollte er dem Klerus seine Theorien erläutern, um diesen insbesondere im Hinblick auf das Unendliche vor Irrtümern zu bewahren. In einem Brief an Hermite vom 21. 1. 1894 erklärte Cantor:

> Erstens wirke ich nach Kräften auf die Geistlichkeit mit der ich innigst befreundet bin und zwar handle ich da nach den Worten: „Ihr seid meine Lehrer in der Religion und Theologie, ich Euer dankbarer Sohn und Schüler. Von Euch und Eurem guten Willen hängt es allein ab, ob ich Euer Lehrer werde in den weltlichen Wissenschaften und so eine goldene Brücke schlage von Euch zu uns, von uns zu Euch." Zweitens wende ich mich an den Kreis der gebildeten Laien, ohne Zelotismus und frei von Ostentation, mit der nöthigen Auswahl, Vorsicht und Klugheit, um sie von den grassierenden Verirrungen des Skeptizismus, Atheismus, Materialismus, Positivismus, Pantheismus etc. abzubringen und sie allmählich dem allein vernunftgemäßen *Theismus* wieder zuzuführen ... [144, S. 125]

Aus dem letztgenannten Bestreben erklärt sich auch Cantors heftige Polemik gegen Ernst Haeckel.

Ein zweiter Grund für Cantors Affinität zur Theologie bestand sicher darin, daß insbesondere die scholastische Philosophie und Theologie Ansatzpunkte zu einer tieferen Diskussion der Unendlichkeitsproblematik liefern. Felix Klein hat darauf hingewiesen, daß „... die scholastischen Spekulationen ... sich häufig als die korrektesten Ansätze dessen erweisen, was wir heute als Mengenlehre bezeichnen". [124, S. 52] Hauptsächlich drei Problemkreise verbinden die Unendlichkeitsproblematik mit der scholastischen Philosophie: Anfang und Ewigkeit der Welt, Spekulationen über den Tod und vor allem die Fragen nach den Eigenschaften Gottes. So nahm die Scholastik z. B. eine Idee des Neuplatonikers Plotin auf, der ein System von Unendlichkeiten postulierte, an der Spitze die absolute Transzendenz des (unendlichen) Gottes, am Ende die Endlichkeit. Die Verbindung zwischen beiden Endstufen bilden eine ganze Reihe vermittelnder Stufen. Plotins Nachfolger vermehrten nun ständig die Anzahl der Zwischenstufen, um die Kluft zwischen dem Höchsten und der Erscheinungswelt zu überbrücken. [49] In ganz ähnlicher Weise wollte Cantor die Folge seiner Alephs interpretiert wissen. So berichtet Kowalewski:

Diese Mächtigkeiten, die Cantorschen Alephs, waren für Cantor etwas Heiliges, gewissermaßen die Stufen die zum Throne der Unendlichkeit, zum Throne Gottes emporführen. [127, S. 201]

Man braucht heute kaum noch zu betonen, daß die theologischen Bestrebungen Cantors wissenschaftlich unfruchtbar waren. Auch Cantor selbst mußte schon die Diskrepanz zwischen seinem wissenschaftlichen Standpunkt und den Glaubensdogmen am eigenen Leibe erfahren. Cantor hatte oftmals betont, daß die Existenz des Transfiniten und seiner Gesetzmäßigkeiten in der Natur der Sache liegt, im Wesen der Welt sozusagen verankert ist. Er schloß deshalb in einem Brief an den Kardinal Franzelin aus Gottes „Allgüte und Herrlichkeit auf die Notwendigkeit der tatsächlich erfolgten Schöpfung eines Transfinitum". [35, S. 400] Die Behauptung der Notwendigkeit einer Schöpfung irgendwelcher spezifischer Dinge widerspricht den Glaubensdogmen, weil dadurch Gottes absolute Freiheit eingeschränkt wird, und Cantor wußte das mit Sicherheit. Er hat den Standpunkt von der Notwendigkeit der Struktur des Transfiniten stets beibehalten, wenn er auch in Worten der folgenden Replik des Kardinals zunächst zustimmte:

... wer die Notwendigkeit einer Schöpfung aus der Unendlichkeit der Güte und Herrlichkeit Gottes erschließt, der muß behaupten, daß alles Erschaffbare wirklich von Ewigkeit erschaffen ist; ... Diese Ihre unglückliche Meinung von der Notwendigkeit der Schöpfung wird Ihnen auch in Ihrer Bekämpfung der Pantheisten sehr hinderlich sein und wenigstens die Überzeugungskraft Ihrer Beweise abschwächen. Ich habe mich bei diesem Punkte so lange aufgehalten, weil ich innigst wünsche, daß Ihr Scharfsinn sich freimachte von einem so verhängnisvollen Irrtum, dem freilich manche andere, selbst solche, die sich für rechtgläubig halten, verfallen sind. [35, S. 386]

Cantor versuchte auch in theologischen Fragen Unabhängigkeit zu wahren. Er setzte sich ausführlich mit Argumenten von theologischer Seite gegen das Aktual-Unendliche auseinander, angefangen von Thomas von Aquino bis Constantin Gutberlet. In einem Brief von 1896 behauptete Cantor sogar [143, S. 515], er gehöre keiner der bestehenden organisierten Kirchen an. Wenn Meschkowski daraus schließt, Cantor habe „zwischen 1891 [Konfirmation der Tochter Else] und 1896 seine Beziehungen zur evangelischen Kirche gelöst“ [143, S. 514], so ist das allerdings ein Irrtum: Cantor blieb bis zum Tode Mitglied der evangelischen Kirche und wurde auch von einem evangelischen Pfarrer beerdigt. [6] Cantors Unabhängigkeit von der Schultheologie beider Konfessionen kommt auch in einer kleinen, 1905 als Privatdruck unter dem Titel „EX ORIENTE LUX . . .“ herausgegebenen Schrift zum Ausdruck. [44] Die Hauptthese, die Cantor in „EX ORIENTE LUX . . .“ zu beweisen versuchte, ist die, daß Joseph von Arimathia der leibliche Vater Jesu gewesen sei. Das Dogma von der Jungfrauengeburt lehnte er ab. Aus der Bibel ist Joseph von Arimathia als der vornehme jüdische Bürger bekannt, der den Leib Christi von Pilatus zur Beisetzung erhielt. Als Quellen für seine Meinung nahm Cantor neben der Bibel „verschiedene, mit den kanonischen Evangelien gleichzeitige und gleichwerthige Geschichtsquellen, unter anderem auch [den] Talmud“. [44, S. 10] Ähnlich wie bei der Bacon-Shakespeare-Theorie ist man zunächst geneigt, eine derartig ungewöhnliche Auffassung als Privatmeinung Cantors abzutun. Bei genauerem Studium stellt man jedoch auch hier fest, daß die „Legende“ von Joseph von Arimathia eine lange Geschichte hat. Am stärksten verbreitet und ausgeschmückt haben diese Legende wohl Bahrdt und besonders Venturini in seinem überaus erfolgreichen romanhaften Buch „Natürliche Geschichte des großen Propheten von Nazareth“. [188] Hier tauchte Joseph von Arimathia als Führer der Sekte der Essäer auf. Jesus erschien bei Venturini gewissermaßen als Werkzeug der Essäer zur Erringung der politischen Macht in Palästina. Im historischen Zusammenhang ist Cantors Arbeit nur ein winziger Teil der von 1835 bis 1914 überaus verbreiteten „Leben-Jesu-Forschung“ (vgl. [5], [178]) oder besser der seit dem 13. Jahrhundert blühenden „Leben-Jesu-Literatur“. Zur fast unglaublichen Verbreitung solcher Art von Literatur sei nur an Ernest Renans „Das Leben Jesu“ erinnert, dessen erste französische Auflage 1863 erschien, dessen 100. deutsche Auflage bereits für 1908 angekündigt war. [186, S. 204] Selbstverständlich widersprach Cantors Auffassung jeder offiziellen Kirchenmeinung, und Cantor wußte das auch:

Mit unsrer Auffassung treffen wir, wie mit einem wuchtigen Hiebe alle theologischen Richtungen der Gegenwart und erschüttern auf's Tiefste die bestehenden, sich gegenseitig anfeindenden kirchlichen Organisationen ... Es bleibt aber bis zum Ende der Tage ... die unsichtbare Kirche ... bestehen. Er (Christo) ist ihr Oberhaupt, das keinen Statthalter auf Erden braucht. [44, S. 11/12]

„Das Wesen der Mathematik liegt in ihrer Freiheit“

Diesem Satz maß Cantor neben seiner philosophisch-methodologischen Bedeutung auch eine ganz praktische Bedeutung bei: er war Cantors Absage an jedes „Papsttum“ in der Wissenschaft, welches aus wirklicher oder angemaßter Autorität heraus andere wissenschaftliche Meinungen unterdrückt. [176, S. 14] Cantors praktische Schlußfolgerung war sein hartnäckiges Bemühen, eine Vereinigung der deutschen Mathematiker ins Leben zu rufen, in der ein gleichberechtigter wissenschaftlicher Meinungsstreit ohne das Dominieren etwa der Berliner Mathematiker stattfinden sollte.

Im Jahre 1822 wurde durch Lorenz Oken die „Gesellschaft deutscher Naturforscher und Ärzte“ gegründet. Die Mathematiker Deutschlands tagten in einer Sektion dieser Gesellschaft. Naturgemäß kamen dabei tieferliegende Probleme der Entwicklung der Mathematik nur am Rande zur Sprache.

Auf der Versammlung der „Gesellschaft deutscher Naturforscher und Ärzte“ 1867 in Frankfurt/Main befürwortete besonders Alfred Clebsch die Schaffung einer Vereinigung der deutschen Mathematiker. Bereits 1868, auf einer zweitägigen Wanderung an der Bergstraße, an der wiederum Clebsch, aber u. a. auch Felix Klein und Carl Neumann beteiligt waren, wurde der Gedanke weiter verfolgt. Einziges konkretes Ergebnis der „Wanderung“ war jedoch „nur“ die Begründung der „Mathematischen Annalen“.

Eine zweite Gruppe von Mathematikern war ebenfalls stark an einer Vereinigung der deutschen Mathematiker interessiert, die Gruppe, die an der Herausgabe des „Jahrbuchs für die Fortschritte der Mathematik“ beteiligt war. Dazu gehörten u. a. Bruns, Henoch, Lampe und Wangerin.

1872 wurde der Versuch unternommen, beide „Quellen“ zu vereinigen, in Berlin fand eine Zusammenkunft der hauptsächlich interessierten Mathematiker statt. Durch den völlig unerwarteten Tod von Clebsch, der die Seele der Unternehmung war, kam der ganze Plan ins Stocken. Zwar fand 1873 noch eine Tagung des Vorbereitungskomitees statt, und es wurde festgelegt, in zwei Jahren in Würzburg eine weitere Veranstaltung zu organisieren, aber es blieb doch weiterhin bei Versammlungen der Mathematiker im Rahmen der Naturforscher-Versammlungen. Für die teilnehmenden Mathematiker waren diese Veranstaltungen aber meist recht unbefriedigend.

Den entscheidenden Durchbruch zur Schaffung der „Deutschen Mathematiker-Vereinigung" erzielte Cantor.

> ... er hat den Plan der Deutschen Mathematiker-Vereinigung ... mündlich und brieflich aufs allereifrigste erörtert und gefördert ...; seinem unablässigen Bemühungen ist es gelungen, auch die Widerstrebenden von dem Nutzen einer Organisation der Fachgenossen zu überzeugen und in alle Kreise die Erkenntnisse zu tragen, daß es eine Fülle von Fragen gibt, die nur in gemeinschaftlicher Betätigung erledigt werden können. [91, S. 3]

Leider haben sich für diese vielfältigen Bemühungen Cantors bis in unsere Zeit offenbar keine archivalischen Dokumente erhalten.

Auf der Heidelberger Naturforscher-Versammlung von 1889 wurde unter dem maßgebenden Einfluß von Cantor eine von Königsberger vorgeschlagene These einstimmig angenommen:

> Es ist wünschenswert, daß eine engere Vereinigung als bisher zwischen den deutschen Mathematikern gegründet werde. [91, S. 4]

Königsberger, Cantor und Dyck wurden mit der Abfassung eines „Zirkulars" beauftragt, Cantor übernahm dessen Versendung. In dem „Zirkular" [91, S. 26] wurden alle Mathematiker Deutschlands aufgefordert, sich „möglichst zahlreich" an der Bremer Naturforscherversammlung von 1890 zu beteiligen.

Auf der Bremer Versammlung kam es dann zur Gründung der Deutschen Mathematiker-Vereinigung. Es wurde nämlich beschlossen:

> Es soll der Plan einer Vereinigung der deutschen Mathematiker im Anschluß an die Organisation der Gesellschaft Deutscher Naturforscher und Ärzte zur Verwirklichung gebracht werden. [91, S. 27]

Diese „Bremer Beschlüsse" wurden allen bekannten deutschen Mathematikern zugesandt. Zu den Begründern der Vereinigung in Bremen gehörten neben Cantor u. a. noch Dyck, Heinrich Weber, Klein, Hilbert, Minkowski und Runge. Insgesamt wurde die Gründung durch 26 Mathematiker vorgenommen. Vorsitzender der „Deutschen Mathematiker-Vereinigung" wurde Cantor, Schriftführer Dyck.

Die Statuten der Deutschen Mathematiker-Vereinigung wurden ebenso wie die Geschäftsordnung auf der Versammlung in Halle festgelegt (1891).
Als Zweck der Vereinigung wurde in den Statuten bestimmt:

Die Deutsche Mathematiker-Vereinigung stellt sich die Aufgabe, in gemeinsamer Arbeit die Wissenschaft nach allen Richtungen zu fördern und auszubauen, ihre verschiedenen Teile und zerstreuten Organe in lebensvolle Verbindung und Wechselwirkung zu setzen, ihre Stellung im geistigen Leben der Nation nach Gebühr zu heben, ihren Vertretern und Jüngern Gelegenheit zu ungezwungenem kollegialischem Verkehr und zum Austausch von Ideen, Erfahrungen und Wünschen zu bieten. [182, S. 12]

In Halle wurde Cantor erneut zum Vorsitzenden der „Deutschen Mathematiker-Vereinigung" gewählt; im Vorstand waren weiter Dyck, Lampe, Schubert und Kronecker.
Kronecker sollte in Halle den Eröffnungsvortrag halten, er wollte über Eisenstein sprechen. Aber der Tod seiner Frau verhinderte Kroneckers Kommen. In einem Brief vom 18. 9. 1891 an Cantor legte er jedoch dar, was er von der Deutschen Mathematiker-Vereinigung erwartete:

Während andere Disciplinen mancherlei Arbeiten erfordern, die den Bearbeitern „aufgegeben" werden können, und auch solche, die geradezu von vereinten Kräften geleistet werden müssen, ..., während es also in fast allen anderen naturwissenschaftlichen Disciplinen vorkommt, dass, „wenn die Könige bauen, die Kärrner zu thun haben", muss bei uns jeder Forscher König und Kärrner zugleich sein. Darum geben wir Mathematiker eigentlich das Beispiel einer echten Gelehrtenrepublik, in welcher jeder einzelne seine volle Forscherselbständigkeit bewahrt ... Ich sehe den Hauptzweck der „Vereinigung deutscher Mathematiker" darin, dass sie ... persönlichen wissenschaftlichen Verkehr ermöglicht. [3, S. 23, 24–25]

Auf der Versammlung in Halle sprachen u. a. Klein, Boltzmann, Hilbert, Minkowski und Cantor. In seinem Vortrag mit dem Titel „Über eine elementare Frage der Mannigfaltigkeitslehre" legte Cantor das berühmte nach ihm benannte Diagonalverfahren dar, mittels dessen man heute üblicherweise die Überabzählbarkeit der reellen Zahlen und allgemeiner die Ungleichung $2^m > m$ beweist.
Im Jahre 1892 fand keine Versammlung der Deutschen Mathematiker-Vereinigung statt – im vorgesehenen Konferenzort Nürnberg herrschte Choleragefahr. Auf der Tagung 1893 in München wurde Cantor durch Reye vertreten. In einem Schreiben an den Vorstand der DMV erklärte Cantor seinen Rücktritt als Vorsit-

zender der DMV. In einer Danksagung durch Gordan wurde betont,

wie es speciell G. Cantor gewesen, der den ersten Anstoss zur Gründung der Vereinigung gegeben und durch sein lebhaftes und thatkräftiges Eingreifen für diesen Plan die Verwirklichung desselben herbeigeführt hat. [75, S. 8]

Als Vorsitzender der Deutschen Mathematiker-Vereinigung war Cantor mit Dyck und Lampe auch Herausgeber des „Jahresberichts der Deutschen Mathematiker-Vereinigung“. Nachfolger im Vorsitz der Vereinigung wurde 1894 in Wien Paul Gordan. Noch einmal hatte Cantor eine offizielle Funktion in der DMV: 1897/98–1899/1900 war er mit Hermann Graßmann d. J. für die Kassenrevision verantwortlich.

Das erste offizielle „Mitglieder-Verzeichnis“ der Deutschen Mathematiker-Vereinigung vom 1. 9. 1891 verzeichnete 160 Mitglieder, darunter als erste Ausländer u. a. Fabean Franklin (Baltimore), Adolf Kneser (Dorpat), Matyas Lerch (Prag), Ferdinand Rudio (Zürich) und Wilhelm Wirtinger (Wien). Im Jahre 1893 war die Mitgliederzahl auf 224 angestiegen.

In offizieller Form wurden die Verdienste Cantors um die Deutsche Mathematiker-Vereinigung 1915 gewürdigt, als die Vereinigung durch Gutzmer zu Cantors 70. Geburtstag eine Glückwunschadresse überreichen ließ. [76]

Die Zusammenarbeit der Mathematiker blieb nicht auf Deutschland beschränkt. 1889 in Paris und 1893 in Chicago fanden internationale Zusammenkünfte von Mathematikern statt.

Cantor war offenbar auch stark an der internationalen Zusammenarbeit der Mathematiker interessiert. In einem Brief an einen „unbekannten“ Mathematiker in Paris hatte er 1888 geschrieben:

Sollte es nicht möglich sein, an einem neutralen Ort, z. B. in Belgien oder der Schweiz oder in Holland eine Versammlung von französischen und deutschen Mathematikern in der nächsten Zukunft zu veranstalten? Ich erinnere daran, daß gerade in viel schwierigeren Zeiten, in den siebziger Jahren, die herzliche Freundschaft zwischen Herrn Hermite und dem verewigten Herrn Borchardt als ein festes Bündnis vortrefflich zur Aufrechterhaltung der wissenschaftlichen Kommunikation über den Kampf der Nationen hinweg diente. Dieses ausgezeichnete Beispiel sollte nicht aus den Augen verloren werden. [121, S. 69] vgl. auch [52, S. 339]

Und an Lemoine schrieb er 1896:

Es war mir besonders angenehm von Ihnen zu hören, daß die Herren Königs und Poincaré ganz für unsere Sache gewonnen sind und daß dabei ersterem die officielle Vertretung der Mathematiker Frankreichs zunächst übertragen ist ... Es scheint zweckmäßig, daß von Herrn Königs im Namen der „Societe math. de France" ein Circular versendet werde, in welchem die bisher von ihm geschehenen officiellen Schritte und der ganze momentane Stand der Angelegenheit auseinander gesetzt wird; und zwar an sämmtliche Akademien und alle bekannten mathematischen und naturwissenschaftlichen Gesellschaften des Erdkreises ... [143, S. 515–516]

Cantor hatte auch vor, sich selbst aktiv einzuschalten. Im Januar 1896 stellte er den Antrag auf eine Reiseunterstützung, damit er die von ihm „ursprünglich ausgegangene Idee" der Schaffung einer Internationalen Mathematikervereinigung persönlich in Frankreich und Italien weiter fördern könnte (Dokumentenanhang Nr. 1). Sein Hinweis auf die friedensfördernde Funktion einer solchen Vereinigung ist eine der wenigen politischen Äußerungen Cantors und verdient – formuliert in einem Antrag an ein Ministerium des Wilhelminischen Kaiserreichs – besondere Beachtung und Wertschätzung. Cantors Antrag wurde abgelehnt (Dokumentenanhang Nr. 2, Schluß). Die Stellungnahme der Universität zu diesem Antrag ist ein Beispiel für die kaum noch zu überbietende Fehleinschätzung der wahren Bedeutung Cantors durch das Ministerium (Ordensverleihung) und durch die Universität Halle (Dokumentenanhang Nr. 2).
Die zum Erfolg führenden Initiativen zur Durchführung internationaler Mathematikerkongresse gingen dann von Felix Klein und Heinrich Weber auf deutscher, von Laisant und Lemoine auf französischer Seite aus. Der erste Internationale Mathematikerkongreß fand 1897 in Zürich statt. Hier wurde der Beschluß gefaßt, solche Kongresse in regelmäßigen Abständen zu veranstalten.

Anerkennung der Mengenlehre und neue Schwierigkeiten

Nach der ersten Attacke seiner Krankheit im Frühsommer 1884 hat Cantor – wie schon erwähnt – sehr bald die mathematische Arbeit wieder aufgenommen. Mit dem Kontinuumproblem war er zwar nicht weitergekommen, aber er hatte bereits im Herbst 1884 weitreichende und tiefliegende neue Ergebnisse erzielt, und zwar eine komplette Theorie der Ordnungstypen und auch neue Resultate über Punktmengen. Diese Arbeiten sind jedoch zu Cantors Lebzeiten nicht veröffentlicht worden. Grattan-Guinness hat sie wiederentdeckt und 1970 erstmalig publiziert, 86 Jahre nach ihrer Entstehung. [79] Den mathematischen Inhalt hat Cantor in seine letzten großen mengentheoretischen Arbeiten der Jahre 1895/97 einfließen lassen. Durch die Umstände, die seinerzeit die Publikation verhindert haben, fühlte sich Cantor schwer getroffen. Diese haben zwar sein persönliches Verhältnis zu Mittag-Leffler – wie Cantor später selbst betonte – nicht getrübt, allerdings hat sich der vertraute Ton der Briefe von 1883/84 zwischen beiden Gelehrten nicht wieder eingestellt. Die entsprechenden Dokumente zu dieser Affäre hat Grattan-Guinness ebenfalls in [79] veröffentlicht, danach ergibt sich folgendes Bild: Cantor hatte die ersten 6 Paragraphen der Arbeit am 6. 11. 1884, den Rest am 21. 2. 1885 nach Stockholm geschickt. Der erste Teil war schon gesetzt, und Cantor hatte bereits die Korrekturbögen wieder abgesandt, als er zu seiner größten Überraschung Anfang März 1885 einen Brief Mittag-Lefflers erhielt, in dem u. a. folgendes stand:

... Sprechen wir dann zuerst einige Worte über Ihre Abhandlung über Typentheorie, die ich jetzt, leider nur flüchtig, durchgelesen habe. Ich finde die neue Grundidee die Sie darin entwickeln sehr schön und ich glaube wohl dass Sie von dieser Gesichtspunkt aus sehr viel erreichen können. Aber ich will Ihnen nicht verhehlen dass es scheint mir es wäre Euer selbst wegen besser gewesen diese Untersuchungen nicht früher zu publicieren, als Sie neue sehr positive Resultate Ihrer neuen Betrachtungsweise darlegen können. Wäre es Ihnen z. B. gelungen durch die Typentheorie die Frage zu entscheiden ob das Linearcontinuum dieselbe Mächtigkeit hat oder nicht wie die zweite Zahlenclasse, dann würde gewiss Ihre neue Theorie den grössten Erfolg bei den Mathematikern haben. Wie es jetzt ist, fürchte ich dass die meisten sich sehr erschrecken werden wegen ihre neue Terminologie und Ihre sehr allgemeine philosophische Ausdrucksweise. ... ich weiss wohl, dies ist Ihnen im Grunde einerlei. Aber wenn Ihre Theorie einmal auf diese Weise in Misscredit kommen, wird es sehr lange dauern bis sie wieder die Aufmerksamkeit der mathematischen Welt an sich ziehen. Ja es kann wohl sein dass man Ihnen und Ihre Theorien nie in unserer Lebenszeit Gerechtigkeit zu Theil kommen lässt. So werden die Theorien wieder einmal nach 100 Jahren oder mehr von Jemand entdeckt und dann findet man wohl nachträglich aus, dass Sie doch schon das alles hatten und dann thut man Ihnen zuletzt Gerechtigkeit, aber auf diese Weise werden Sie keinen bedeutenden Einfluss auf die Entwicklung unserer Wissenschaft ausgeübt haben. Und einen solchen Einfluss auszuüben das wünschen Sie natürlich wie jeder Anderer der die Wissenschaft treibt. Ich glaube also, es wird der Sache und es wird Ihnen selbst am meisten nützen wenn Sie mit der Veröffentlichung der Typentheorie noch einige Zeit bis Sie Anwendungen davon geben können aufzuschieben. ... Lesen Sie in Scherings Gedächtnisrede über Gauss wie Gauss sich fürchtete seine Arbeiten über die nicht Euklidische Geometrie zu veröffentlichen; und Ihre Arbeiten sind gewiss nicht weniger revolutionär als diejenigen von Gauss. ..." [79, S. 101/102]

Cantor zog daraufhin ohne jede Diskussion seine Arbeit zurück. 11 Jahre später äußerte er sich in einem Brief vom 11. 1. 1896 an Gerbaldi über die ganze Angelegenheit:

... Die Theorie der Ordnungstypen war bereits vor *elf* Jahren ... fertig, ... Ueber den *eigentlichen Grund*, warum der Druck damals sistirt wurde, bin ich heute nicht unterrichtet, er ist mir ein *Räthsel*!
Ich bekam nämlich plötzlich von Herrn M. L. einen Brief, worin er mir zu meinem grössten Erstaunen schreibt, er halte nach reiflicher Ueberlegung diese Publication für „*um hundert Jahre verfrüht*". Nach den Intentionen von Herrn M. L. hätte ich also noch bis zum Jahre 1984 damit warten sollen, was mir doch eine *zu starke Zumuthung* zu sein schien!
Da mir hierdurch, wie Sie begreifen werden, die mathematischen Journale *verleidet* wurden, so fing ich an meine Zeilen in der „Zeitschrift für Philosophie und philosophische Kritik" zu publiciren. [79, S. 104]

In einem Brief an Poincaré vom 22. 1. 1896 macht Cantor die „Berliner Machthaber Weierstrass, Kummer, Borchardt, Kronecker" für den Sinneswandel Mittag-Lefflers verantwortlich.
Cantor hat in den Jahren 1886 bis 1895 in der Tat in mathematischen Journalen nichts veröffentlicht außer einer kleinen, wenn auch hochbedeutsamen Note im Band I der Jahresberichte der Deutschen Mathematikervereinigung von 1892, die den Inhalt des im Abschnitt 6 erwähnten Hallenser Vortrags enthält, also den Beweis von $2^{m} > m$ mittels des Diagonalverfahrens.
Der Inhalt der nicht veröffentlichten Arbeit zur Typentheorie ist

in mehrfacher Hinsicht bemerkenswert. In den einleitenden Paragraphen vertritt Cantor die Auffassung, daß Mathematik und Mengenlehre identisch seien – eine Auffassung, die man gewöhnlich erst auf Autoren unserer Tage zurückführt (z. B. [123]). Er schreibt:

Die allgemeine *Typentheorie* scheint mir nach allen Richtungen einen grossen Nutzen zu versprechen.
Sie bildet einen wichtigen und grossen Theil der *reinen* Mengenlehre (. . .), also auch der *reinen Mathematik*, denn letztere ist nach meiner Auffassung nichts Anderes als *reine Mengenlehre*. [79, S. 84]

Ferner behauptet Cantor, daß die Typentheorie zahlreiche Anwendungen in den Naturwissenschaften bis hin zur Chemie und Biologie besitze. Leider gibt es nirgends einen Hinweis darauf, in welcher Richtung er sich diese Anwendungen vorstellte.
Im mathematischen Teil der Abhandlung wird zunächst der Begriff der geordneten Menge eingeführt. Zwei solche Mengen heißen ähnlich, wenn sie sich eineindeutig unter Erhaltung der Ordnungsrelation aufeinander abbilden lassen. Unter einem Ordnungstypus versteht Cantor „denjenigen *Allgemeinbegriff, unter welchem sämmtliche der gegebenen geordn. Menge ähnliche geordnete Mengen, und nur diese, (folglich auch die gegebene geordnete Menge selbst) fallen*". [79, S. 87] Cantor führt dann die Ordnungstypen ω der natürlichen Zahlen in der üblichen Anordnung, η der rationalen Zahlen $\in$ (0,1) und ϑ der Menge (0,1) (jeweils in der natürlichen Anordnung) ein. Es folgt der wichtige Satz, der den Ordnungstypus η ohne Rückgriff auf die rationalen Zahlen rein mengentheoretisch charakterisiert: Jede geordnete dichte abzählbare Menge ohne Randpunkte hat den Ordnungstypus η. Nach Einführung des entgegengesetzten Ordnungstypus α_* zu α (Umkehrung der Anordnung) führt Cantor die Zahlen auf den neuen Begriff des Ordnungstypus zurück: Die Ordnungstypen wohlgeordneter Mengen heißen reale ganze Zahlen, „und zwar die *Ordnungstypen endlicher wohlgeordneter* Mengen . . . *endliche* oder *finite* Zahlen, dagegen die *Ordnungstypen unendlicher wohlgeordneter* Mengen *unendliche, überendliche* oder *transfinite* Zahlen . . ." [79, S. 89] Für die Endlichkeitsdefinition benutzt Cantor den Begriff des entgegengesetzten Ordnungstypus: Eine Zahl α heißt endlich, falls $\alpha = \alpha_*$ ist, während bei transfiniten Zahlen diese Gleichung nie stattfinden kann. Es fol-

gen dann die Definition von Summe und Produkt von Ordnungstypen und die Herleitung der dafür geltenden Rechenregeln. Mit diesen Ideen – das sei ausdrücklich hervorgehoben – ist Cantor, zeitgleich mit Frege [70], einer der ersten, der eine strenge Begründung der Theorie der natürlichen Zahlen skizzierte. Die Versuche Dedekinds und Peanos sind also zeitlich nach Cantor einzuordnen. Die weiteren Ausführungen Cantors über n-fach geordnete Mengen und entsprechende n-fache Ordnungstypen haben bisher in der Mengenlehre keine Bedeutung erlangt.

Ab Mitte der achtziger Jahre haben zunehmend auch andere Forscher in die Entwicklung der Mengenlehre tatkräftig eingegriffen. Wir werden einige dieser Beiträge nennen, ohne daß es in diesem Rahmen möglich sein wird, eine Geschichte der Entwicklung der Mengenlehre zu liefern. Bezüglich einer solchen Gesamtdarstellung sei auf Medvedev [137] verwiesen.

Bereits 1885 versuchte der Hallenser Gymnasiallehrer Friedrich Meyer in seinem Buch „Elemente der Arithmetik und Algebra" [146], den Schulunterricht auf mengentheoretische Betrachtungen zu gründen. Diese mengentheoretische Durchdringung ist heute ein Kennzeichen eines modernen Mathematikunterrichtes, wenn man sie auch in einigen Ländern zeitweise überspitzt und übertrieben hat. Um 1885 freilich war ein solcher Versuch von vornherein zum Scheitern verurteilt.

Einen weitreichenden Einfluß sowohl auf die späteren Grundlagenuntersuchungen der Mathematik als auch auf die Theorie der reellen Funktionen, deren Entwicklung eng mit der Mengenlehre zusammenhängt, hatten die Arbeiten von Giuseppe Peano. In seinem Buch „Applicazioni geometriche del calcolo infinitesimale" (Geometrische Anwendungen des Infinitesimalkalküls) [155] begründete er die Inhaltstheorie der Punktmengen. Ist z. B. eine beschränkte Punktmenge A der Ebene gegeben, so betrachtet Peano geradlinig begrenzte Bereiche, die A enthalten bzw. die in A enthalten sind. Die untere Grenze aller Flächeninhalte „umbeschriebener" Polygonbereiche heißt äußerer Inhalt, entsprechend die obere Grenze aller „einbeschriebenen" Polygonbereiche innerer Inhalt. Sind äußerer und innerer Inhalt gleich, so heißt diese Zahl der Inhalt der Punktmenge. Eine Punktmenge hat genau dann einen Inhalt, wenn sich die Menge ihrer Randpunkte in ein polygonales Gebiet beliebig kleiner Fläche einschließen läßt. Peanos

Inhalt ist eine additive Mengenfunktion. Die späteren Arbeiten von Jordan [116], [117] gehen im wesentlichen nicht über Peano hinaus.

Von besonderem Interesse sind Peanos Ausführungen über Mengenfunktionen. Die Definition der Mengenfunktion bei Peano umfaßt nicht nur reellwertige, sondern auch komplexwertige und vektorielle Mengenfunktionen. Er definiert u. a. die Ableitung $\frac{d\psi}{d\varphi}(P)$ einer Mengenfunktion nach einer anderen, womit er die Idee der Radon-Nikodym-Ableitung antizipiert. Peano hat auch einen sehr allgemeinen Integralbegriff: Ist $f(P)$ eine Punktfunktion, $\varphi(A)$ eine Mengenfunktion, so wird definiert

$$\int_A f d\varphi = \inf \sum_{i=1}^{n} \varrho_i' \varphi(A_i) = \sup \sum_{i=1}^{n} \varrho_i'' \varphi(A_i) .$$

Die A_i bilden eine endliche disjunkte Zerlegung von A; $\varrho_i' > f(P)$ für alle $P \in A_i$, $\varrho_i'' < f(P)$ für alle $P \in A_i$. Das Infimum bzw. Supremum wird über alle möglichen Zerlegungen $A = \sum_{i=1}^{n} A_i$ und alle möglichen Wahlen der ϱ_i', ϱ_i'' erstreckt.

Wählt man z. B. für $\varphi(A)$ das Lebesgue-Maß, so erhält man das Lebesgue-Integral. Dieses Beispiel kommt bei Peano allerdings noch nicht vor.

In seinem Buch „Calcolo geometrico secondo l'Ausdehnungslehre di H. Grassmann ..." (Geometrischer Kalkül nach der Ausdehnungslehre von H. Graßmann ...) von 1888 führte Peano eine Reihe mengentheoretischer Bezeichnungen ein, die später Allgemeingut der Mathematiker geworden sind, wie z. B. die Zeichen für Durchschnitt und Vereinigung. Peanos Arbeiten zur Begründung der natürlichen Zahlen berühren sich stark mit Dedekinds Untersuchungen; das Axiomensystem, welches Peano 1892 veröffentlichte und das heute nach ihm benannt wird, findet sich schon 1888 bei Dedekind. Peanos Wirken ab Ende der achtziger Jahre war von besonderer Bedeutung für die Entwicklung der mathematischen Logik; er gilt als einer der Stammväter des Logizismus.

Ein im Grunde ähnliches Anliegen wie Cantor verfolgte Gottlob Frege, nämlich eine kritische Analyse der Grundbegriffe der Mathematik. Während Cantor aber mit der naiven Form der Logik arbeitete, bezog Frege diese in seine kritische Analyse ein. Mit seiner „Begriffsschrift“ von 1879 wurde Frege einer der Begründer der mathematischen Logik. Als Anwendung seines neuen Standpunktes versuchte Frege mit dem Buch „Die Grundlagen der Arithmetik“ von 1884 die Theorie der natürlichen Zahlen exakt zu begründen. Damit berührten sich Freges und Cantors Interesse an diesem Gegenstand, denn Cantor hatte ja 1884 seine Begründung über die Ordnungstypen versucht. Cantor hat 1885 in der Deutschen Literaturzeitung Freges Buch rezensiert. Er lobte das Anliegen und insbesondere Freges scharfe Absage an jegliche Heranziehung anschaulicher oder psychologischer Elemente bei der Begründung der Theorie. Freges Weg allerdings hielt er für verfehlt:

Der Verf. kommt nämlich auf den unglücklichen Gedanken ... dasjenige, was in der Schullogik der „Umfang eines Begriffes“ genannt wird, zur Grundlage des Zahlbegriffs zu nehmen; er übersieht ganz, daß der „Umfang eines Begriffs“ quantitativ im allgemeinen etwas völlig Unbestimmtes ist; ... Für eine ... quantitative Bestimmung des „Umfangs eines Begriffs“ müssen aber die Begriffe „Zahl“ und „Mächtigkeit“ vorher von anderer Seite her bereits gegeben sein, und es ist eine *Verkehrung des Richtigen*, wenn man es unternimmt, die letzteren Begriffe auf den Begriff „Umfang eines Begriffs“ zu gründen. ... Ich halte es daher auch nicht für zutreffend, wenn der Verf. in § 85 die Meinung ausspricht, dasjenige, was ich „Mächtigkeit“ nenne, stimme mit dem überein, was er „Anzahl“ nennt. [33, S. 440/441]

Cantor wurde mit dieser Rezension der Bedeutung von Freges Arbeit nicht gerecht. Der „Umfang des Begriffes: gleichzahlig mit dem Begriff *F*“ bei Frege ist identisch mit der Klasse der zu *F* äquivalenten Mengen bei Cantor. Somit ist Freges „Anzahl“ identisch mit Cantors „Kardinalzahl“; die unglückliche Wahl der Bezeichnungen mag das Mißverstehen gefördert haben. Frege hatte noch mehr unter fehlender Anerkennung zu leiden als Cantor. Er ist in Jena zeit seines Lebens nicht einmal Ordinarius geworden. Zermelo bemerkte zum Verhältnis von Frege und Cantor:

Uns Heutigen kann es nur auffallend und bedauerlich erscheinen, daß die beiden Zeitgenossen, der große Mathematiker und der verdienstvolle Logiker, wie diese Rezension beweist, sich untereinander so wenig verstanden haben. [33, S. 442]

Bedeutende Beiträge zur Mengenlehre und Grundlagenforschung leistete Dedekind in seiner kleinen Schrift „Was sind und was sollen die Zahlen?“ aus dem Jahre 1888. Frege nannte 1893 die

Schrift von Dedekind „das Gründlichste, was mir in der letzten Zeit über die Grundlegung der Arithmetik zu Gesicht gekommen ist". [71, S. VII F.] Es geht Dedekind um einen rein mengentheoretischen Aufbau der Theorie der natürlichen Zahlen, d. h. um ihre Zurückführung auf so grundlegende Begriffe wie Menge und Abbildung. Dies geschieht in folgender Weise: Er betrachtet eine Menge S und eine Abbildung φ von S in sich. Eine Teilmenge K von S heißt (bezüglich φ) eine Kette, wenn $\varphi(K) \subseteq K$. Ist beispielsweise S gleich der Menge der natürlichen Zahlen, $\varphi(n) = n + 1$ die Nachfolgerbeziehung, so ist $K = \{n_0, n_0 + 1, n_0 + 2, \ldots\}$ eine Kette. Ist A eine beliebige Teilmenge von S, so bezeichnet Dedekind mit A_0 den Durchschnitt aller Ketten, die A enthalten:

$$A_0 = \bigcap_{\substack{K \text{ Kette} \\ A \subseteq K}} K$$

Dedekind definiert nun: Ein System N heißt einfach unendlich, wenn es eine eineindeutige Abbildung φ von N in sich und ein Element $e \in N$ mit den Eigenschaften gibt 1. $\varphi(N) \subseteq N$; 2. e nicht enthalten in $\varphi(N)$; 3. $\{e\}_0 = N$. Jedes solche einfach unendliche System hat den Ordnungstyp ω. Es kann nach Dedekind als das System der natürlichen Zahlen aufgefaßt werden.

Dedekinds Theorie stützt sich auf die Existenz unendlicher Mengen. Er hat versucht, einen Existenzbeweis für unendliche Mengen zu geben, der sich auf die Menge alles Denkbaren und damit auf eine – wie sich später herausstellte – antinomische Menge gründet. Auf diesen Punkt bezieht sich auch die Kritik Hilberts an Dedekind. In der heutigen Mengenlehre wird die Existenz unendlicher Mengen durch geeignete Axiome gefordert.

In einer zeitgenössischen Rezension von Friedrich Meyer heißt es zu Dedekinds Schrift:

> Die Grundlagen reichen, wie dem Referenten scheint, auch hin, um auch weit höheren Mannigfaltigkeiten, als die der Zahlen, geeignet zu ordnen. [112, Bd. 20 (1888), S. 49–52]

Das waren wahrhaft prophetische Worte. Dedekinds Begriff der Kette und seine damit zusammenhängenden Schlußweisen haben grundlegende Bedeutung für den Zermeloschen Beweis des Wohlordnungssatzes gehabt (s. u.). Überhaupt hat die moderne Mengenlehre aus Dedekinds Schrift zahlreiche Ideen und Methoden geschöpft, die in verallgemeinerter Form heute zu ihrem klassischen Bestand gehören (s. [56], Vorwort). So sind die Zermeloschen Axiome der Mengenlehre (s. Kapitel „Ausblick") z. T. direkte Nachbildungen der „Erklärungen" Dedekinds im § 1 seines Werkes. Im § 5, überschrieben mit „Das Endliche und das Unendliche", bringt Dedekind seine berühmte Unendlichkeitsdefinition:

Ein System heißt unendlich, wenn es einem echten Teile seiner selbst ähnlich ist; im entgegengesetzten Falle heißt *S* ein endliches System. [56, S. 13]

„Ähnlich" bedeutet hier dasselbe wie „äquivalent" in der Cantorschen Terminologie. Es ist bemerkenswert, daß die Eigenschaft unendlicher Mengen, die Galilei noch als paradox empfand, die Bolzano dann in seinen „Paradoxien des Unendlichen" als durchaus normal nachzuweisen suchte, nun direkt zur Definition unendlicher Mengen eingesetzt wird. Auf diesen Unendlichkeitsbegriff gründet Dedekind strenge Beweise für die einfachsten Sätze über endliche und unendliche Mengen. In den §§ 11 und 12 führt Dedekind die Rechenoperationen für die natürlichen Zahlen ein und leitet ihre wichtigsten Eigenschaften ab. Er hat damit den Weg für das Verfahren vorgezeichnet, mit dem man heute üblicherweise das Rechnen mit beliebigen Ordinalzahlen begründet. Schließlich hat Dedekind die Notwendigkeit erkannt, induktive Definitionen zu rechtfertigen. Er formulierte und bewies einen Rechtfertigungssatz, der später von John von Neumann auf die transfinite Induktion erweitert worden ist.

Auch Cantor selbst hat Mitte der neunziger Jahre noch einmal bestimmend in die Entwicklung der Mengenlehre eingegriffen. In den Jahren 1895 und 1897 erschien in den Mathematischen Annalen seine 70 Seiten lange zweiteilige Arbeit „Beiträge zur Begründung der transfiniten Mengenlehre". Zermelo charakterisierte in den Anmerkungen zum Wiederabdruck dieser Arbeit in Cantors „Gesammelten Abhandlungen" ihren Platz in dessen Gesamtwerk so:

Die vorstehende ... Abhandlung, die letzte Veröffentlichung Cantors über die Mengenlehre, bildet den eigentlichen Abschluß seines Lebenswerkes. Hier erhalten die Grundbegriffe und Ideen, nachdem sie sich im Laufe von Jahrzehnten allmählich entwickelt haben, ihre endgültige Fassung, und viele Hauptsätze der „allgemeinen" Mengenlehre finden erst hier ihre klassische Begründung. [38, S. 351]

Cantor beginnt mit seiner berühmt gewordenen und oft zitierten Mengendefinition, welche die Grundlage der sogenannten naiven Mengenlehre ist:

Unter einer „Menge" verstehen wir jede Zusammenfassung M von bestimmten wohlunterschiedenen Objekten m unserer Anschauung oder unseres Denkens (welche die „Elemente" von M genannt werden) zu einem Ganzen. [38, S. 282]

Nach Einführung der Begriffe Vereinigung und Teilmenge definiert Cantor die Kardinalzahl oder Mächtigkeit einer Menge M:

Mächtigkeit oder Kardinalzahl von M nennen wir den Allgemeinbegriff, welcher mit Hilfe unseres aktiven Denkvermögens dadurch aus der Menge M hervorgeht, daß von der Beschaffenheit ihrer verschiedenen Elemente m und von der Ordnung ihres Gegebenseins abstrahiert wird. [38, S. 282]

Bei dieser Definition erscheint die Tatsache, daß zwei Mengen genau dann gleiche Mächtigkeit haben, wenn sie äquivalent sind, als Satz. Nach der Erklärung der Größenbeziehung zwischen Kardinalzahlen stößt Cantor auf eine charakteristische Schwierigkeit, nämlich auf das Problem, ob zwei Kardinalzahlen $\mathfrak{a}$, $\mathfrak{b}$ stets vergleichbar sind, d. h., ob stets eine der drei Beziehungen $\mathfrak{a} = \mathfrak{b}$, $\mathfrak{a} < \mathfrak{b}$, $\mathfrak{a} > \mathfrak{b}$ wirklich stattfindet. Im Gegensatz zu vorhergehenden Arbeiten spricht Cantor diese Schwierigkeit hier deutlich an:

Dagegen versteht es sich keineswegs von selbst und dürfte an dieser Stelle unseres Gedankenganges kaum zu beweisen sein, daß bei irgend zwei Kardinalzahlen $\mathfrak{a}$ und $\mathfrak{b}$ eine von jenen drei Beziehungen notwendig realisiert sein müsse. [38, S. 285]

Ein Beweis werde sich – so Cantor – später ergeben, wenn ein Überblick über die Folge der aufsteigenden Kardinalzahlen (die Folge der Alephs) vorliege. Man benötigt zu dem Beweis jedoch den Wohlordnungssatz, so daß bei Cantor diese Frage offen bleiben mußte. Den sogenannten Äquivalenzsatz, daß nämlich aus $M \sim N_1 \subseteq N$ und $N \sim M_1 \subseteq M$ folgt $M \sim N$, formulierte Cantor als Folgerung aus dem Vergleichbarkeitssatz. Da ersterer von Cantor nicht bewiesen wurde, war damit der Äquivalenzsatz auch noch offen. Felix Bernstein, ein Schüler Cantors, fand im Winter 1896/97 einen vom Wohlordnungssatz unabhängigen Beweis des Äquivalenzsatzes, den er im Cantorschen Seminar 1897 vortrug. Der Äquivalenzsatz wird heute nach Bernstein benannt.

Nach der Definition von Summe und Produkt von Kardinalzahlen und der Herleitung der dafür geltenden Rechenregeln wendet sich Cantor der Definition der Potenz zu. Zu diesem Zweck definiert er den Begriff der Belegung einer Menge N mit Elementen einer Menge M; eine Belegung ist eine Funktion auf N mit Werten in M. In einer solch allgemeinen Form ist der Funktionsbegriff hier wohl erstmalig verwendet worden; er zählt heute in dieser Allgemeinheit zu den Grundbegriffen der modernen Mathematik. Die Menge (N/M) aller Belegungen von N mit M dient Cantor als Grundlage für die Definition der Potenz: Ist $\mathfrak{a}$ die Kardinalzahl von M und $\mathfrak{b}$ die von N, so ist $\mathfrak{a}^{\mathfrak{b}}$ die Kardinalzahl von (N/M). Cantor kann zeigen, daß die üblichen Potenzgesetze gelten. Als Folgerung daraus ist der Beweis für die Äquivalenz eines n-dimensionalen und eines eindimensionalen Kontinuums auf einer Zeile zu führen: $\mathfrak{c} = 2^{\aleph_0} = 2^{\aleph_0 \cdot n} = (2^{\aleph_0})^n = \mathfrak{c}^n$, worauf Cantor mit berechtigtem Stolz hinweist:

Es wird also *der ganze Inhalt* der Arbeit im 84ten Bande des Crelleschen Journals, S. 242 [26] *mit diesen wenigen Strichen* aus den *Grundformeln des Rechnens mit Mächtigkeiten* rein algebraisch abgeleitet. [38, S. 289]

Cantor führt im weiteren die natürlichen Zahlen als endliche Kardinalzahlen ein. Der Mangel dieser Betrachtungen besteht im Fehlen einer strengen Definition des Begriffs „endliche Menge". Unter den dann folgenden Sätzen über abzählbare Mengen kommt auch der Satz vor, daß jede transfinite Menge eine abzählbare Teilmenge enthält. Beim Beweis benutzt Cantor stillschweigend das Auswahlprinzip, jenes Prinzip, das nach 1904 zeitweilig im Mittelpunkt der Aufmerksamkeit der mathematischen Grundlagenforschung stand (s. u.).

Der dann folgende Abschnitt über Ordnungstypen ist eine sorgfältige Darstellung der Theorie, die Cantor schon 1884/85 in der bereits erwähnten nicht veröffentlichten Arbeit für die Acta mathematica skizziert hatte. Neu ist die mengentheoretische Charakterisierung des Ordnungstypus ϑ: Eine geordnete Menge hat den Ordnungstypus ϑ, wenn sie 1. perfekt ist und 2. eine abzählbare dichte Teilmenge enthält.

Den Abschluß von [38] bildet die Theorie der wohlgeordneten Mengen und der Ordnungszahlen, die von Cantor in früheren Arbeiten schon mehrfach mehr oder weniger ausführlich dargestellt worden war. Hier erscheint sie als eine systematische streng mathematische Theorie ohne jegliche philosophische oder andere Reflexionen. Inhaltlich völlig neu ist lediglich der letzte Paragraph über die ε-Zahlen der zweiten Zahlklasse. Das sind Zahlen, die der Gleichung $\omega^{\zeta} = \zeta$ genügen. Die ε-Zahlen waren der Ausgangspunkt für die spätere Theorie der Normalfunktionen, die von Hessenberg und Hausdorff entwickelt wurde.

Im letzten Jahrzehnt des vorigen Jahrhunderts trat die Bedeutung der Mengenlehre für die gesamte Mathematik immer deutlicher zutage. Es begannen mit der mengentheoretischen Durchdringung der Mathematik und mit deren Hinwendung zum strukturellen Denken Entwicklungsprozesse dominant zu werden, die zur sogenannten modernen Mathematik führten, zu einer Mathematik, die als Theorie axiomatisch begründeter, in einer gewissen hierarchischen Anordnung stehender Strukturen angesehen wurde. Die französische Mathematikergruppe „Bourbaki“ hat diese Auffassung von Mathematik am konsequentesten vertreten und ab 1939 versucht, eine Gesamtdarstellung der Mathematik auf dieser Grundlage zu geben. Wenn auch heute eine Abkehr vom Bourbaki-Standpunkt und eine stärkere Hinwendung der Mathematik zu konkreten Problemen – verbunden mit einer umfangreichen Nutzung der modernen Rechentechnik – unverkennbar ist, so sind doch die mengentheoretische Durchdringung und das strukturelle Denken unverzichtbare Errungenschaften, auf denen das neue Problembewußtsein und die höhere Qualität der Verbindungen der Mathematik zu anderen Wissenschaften fußen.

Die Anerkennung der Mengenlehre als ein Fundament der Mathematik wurde um die Jahrhundertwende durch die Entwicklung einiger mathematischer Disziplinen besonders gefördert. Solche Disziplinen waren die Theorie der reellen Funktionen, die Topologie, die Algebra und die neu entstehende Funktionalanalysis. Führende Mathematiker der jüngeren Generation wie Hurwitz, Hadamard, Minkowski und Hilbert machten sich die mengentheoretischen Begriffsbildungen und Schlußweisen zu eigen, arbeiteten erfolgreich damit und wirkten für ihre Verbreitung und Anerkennung. So schrieb Minkowski schon 1895 in einem Brief an Hilbert:

Das Aktual-Unendliche ist ein Wort, das ich aus einem Aufsatz von CANTOR habe, und ich habe in meinem Vortrage auch grösstentheils Sätze von CANTOR gebracht, die allgemeines Interesse fanden; nur wollten einige nicht recht daran glauben. ... Bei dieser Gelegenheit habe ich von Neuem wahrgenommen, dass CANTOR doch einer der geistvollsten lebenden Mathematiker ist. Seine rein abstracte Definition der Mächtigkeit der Punkte einer Strecke mit Hülfe der sogenannten transfiniten Zahlen ist wirklich bewundernswerth. [148, S. 68]

Daß die Mengenlehre auch eine klassische Disziplin wie die Funktionentheorie immer stärker durchdrang und befruchtete, zeigte Hurwitz in seinem viel beachteten Hauptvortrag „Über die Entwicklung der allgemeinen Theorie der analytischen Funktionen in neuerer Zeit“ auf dem ersten Internationalen Mathematikerkongreß 1897 in Zürich. Cantor erlebte als Teilnehmer dieses Kongresses die Genugtuung, daß seine Theorien in den Mittelpunkt der Aufmerksamkeit der internationalen Mathematikergemeinschaft gerückt wurden. Hurwitz ging es u. a. um eine Klassifizierung der eindeutigen analytischen Funktionen nach dem Charakter der Menge ihrer singulären Stellen. Er führte aus:

Die Grundlage der ganzen Untersuchung bilden hier die allgemeinen Sätze von Herrn Cantor über Punktmengen, welche in Rücksicht auf ihre Anwendung in der Funktionentheorie von den Herren Bendixson und Phragmen in mehreren Punkten ergänzt worden sind.
Bei diesen Sätzen spielen die transfiniten Zahlen Cantor's eine wichtige Rolle [110, S. 94/95]

Hurwitz gab dann einen gedrängten Überblick über die Cantorsche Theorie der Ordinalzahlen und ihre Anwendung auf die Klassifizierung von Punktmengen. Diese Tatsache macht deutlich, daß Cantors Theorien, obwohl seit vielen Jahren publiziert, im Jahre 1897 immer noch nicht zum Allgemeingut der Mathematiker gerechnet wurden. Für die eindeutigen analytischen Funktionen ergibt sich dann, daß sie entsprechend dem Charakter der (stets abgeschlossenen) Menge ihrer singulären Punkte in zwei Klassen zerfallen: Die eine Klasse umfaßt die Funktionen, deren singuläre Punkte eine höchstens abzählbare Menge bilden, die andere Klasse diejenigen Funktionen mit einer überzählbaren Menge singulärer Punkte. Für die erste Klasse hat man nach dem Satz von Mittag-Leffler eine Darstellung als Summe endlich oder unendlich vieler Partialbrüche. Bei einer Funktion der zweiten Klasse bleibt jeweils nach Subtraktion einer geeigneten solchen Summe eine Funktion übrig, deren Singularitäten eine perfekte Menge bilden.
Mitten in ihrem eben begonnenen Siegeszug türmten sich vor der Mengenlehre neue, scheinbar unüberwindliche Schwierigkeiten auf.

In ihr wurden nämlich Antinomien, d. h. logische Widersprüche, entdeckt. Ein logischer Widerspruch in einer mathematischen Theorie hat katastrophale Folgen: Läßt man unter den Sätzen einer Theorie eine Aussage A und ihre Negation zu, so ist in dieser Theorie jede Aussage beweisbar. Die erste mengentheoretische Antinomie wurde 1897 von Burali-Forti publiziert [16]. Burali-Forti betrachtete die Menge W aller Ordnungszahlen. Denkt man sich die Ordnungszahlen der Größe nach geordnet, so wird W eine wohlgeordnete Menge. Ist φ ihre Ordnungszahl, so muß nach den Sätzen über Ordnungszahlen jedes Element von W kleiner als φ sein, denn jedes $\mu \in W$ kann durch den Abschnitt $W_\mu \subset W$ aller derjenigen Ordnungszahlen, die kleiner als μ sind, repräsentiert werden. Da jedes Element von W kleiner als φ ist, kann φ in W nicht enthalten sein. W war aber die Menge *aller* Ordnungszahlen, also muß W auch φ enthalten. Das ist ein Widerspruch. Eine weitere Antinomie publizierte Russell 1903: Die Menge aller Mengen, die sich nicht selbst als Element enthalten, ist antinomisch [165]. Auch die Menge aller Kardinalzahlen und die Menge aller Mengen stellten sich als antinomisch heraus. Durch die Entdeckung der Antinomien schien, wie Fraenkel zwei Jahrzehnte danach schrieb, „der Siegesflug des Unendlichgroßen ... durch einen jähen Absturz beendet". [67, S. 210]

Die Haltung der Mathematiker zu den Antinomien der Mengenlehre war sehr unterschiedlich. Cantor selbst wurde durch die Veröffentlichung von Burali-Forti keineswegs überrascht. Er hatte die Widersprüchlichkeit der Menge aller Ordinalzahlen bereits 1895 entdeckt und sie brieflich 1896 an Hilbert, 1899 an Dedekind mitgeteilt [118, S. 70]. Die Annahme ist sicher berechtigt, daß Cantor intuitiv die Gefahr der Bildung „uferloser" Mengen vom Typ der „Menge aller Mengen" oder der „Menge aller Ordinalzahlen", die sozusagen seinem „absoluten Unendlich" entsprechen würden, schon in der Zeit der Entstehung der Mengenlehre erkannte. Darauf deutet die 1879 in [29], Teil 1 erhobene Forderung hin, daß die betrachteten Mengen „einem scharf ausgebildeten Begriffsgebiete" angehören müssen (vgl. Zitat S. 40). Darauf weist auch eine Passage in einem Brief Cantors an Eneström vom 4. 11. 1885 zum Verhältnis des Transfiniten zum Absoluten hin:

Eine *andere* häufige *Verwechselung* geschieht mit den beiden Formen des *aktualen* Unendlichen, indem nämlich das *Transfinite* mit dem *Absoluten* vermengt wird, während doch diese Begriffe streng geschieden sind, insofern ersteres ein *zwar Unendliches*, aber doch *noch Vermehrbares*, das letztere aber wesentlich als *unvermehrbar* und daher mathematisch *undeterminierbar* zu denken ist; ... [34, S. 375]

In einem Brief an Dedekind vom 28. 7. 1899 unterschied Cantor die Mengen von den sogenannten inkonsistenten Vielheiten:

Eine Vielheit kann nämlich so beschaffen sein, daß die Annahme eines „Zusammenseins" *aller* ihrer Elemente auf einen Widerspruch führt, so daß es unmöglich ist, die Vielheit als eine Einheit, als „ein fertiges Ding" aufzufassen. Solche Vielheiten nenne ich *absolut unendliche* oder *inkonsistente Vielheiten*. ... Wenn hingegen die Gesamtheit der Elemente einer Vielheit ohne Widerspruch als „zusammenseiend" gedacht werden kann, so daß ihr Zusammengefaßtwerden zu *„einem* Ding" möglich ist, nenne ich sie eine *konsistente Vielheit* oder eine „Menge". [17, S. 443]

Als Beispiele für inkonsistente Vielheiten führte Cantor den „Inbegriff alles Denkbaren" sowie die Systeme aller Kardinalzahlen bzw. aller Ordnungszahlen an. Die Unterscheidung von Mengen und inkonsistenten Vielheiten erscheint in den zwanziger Jahren in der von Neumannschen Axiomatik der Mengenlehre wieder. In ihr wird der allgemeinere Begriff der Klasse dem Begriff der Menge übergeordnet. Klassen, die keine Mengen sind, entsprechen den Cantorschen inkonsistenten Vielheiten. Inkonsistente Vielheiten dürfen nicht Elemente von Mengen sein. Man muß sie aus der Cantorschen Mengenlehre ausgliedern, um die Schwierigkeiten der Antinomien zu überwinden. Aber können nicht in der dann übrigbleibenden Mengenlehre auch noch Widersprüche versteckt sein? Cantor erkannte diese Frage als ein allgemeines Problem, ein Problem nicht nur der Mengenlehre, sondern der gesamten Mathematik, das Problem der Widerspruchsfreiheit nämlich, welches die Grundlagenforscher unseres Jahrhunderts dann so nachhaltig beschäftigt hat. Er schrieb an Dedekind am 28. 8. 1899:

Man muß die Frage aufwerfen, woher ich denn wisse, daß die wohlgeordneten Vielheiten oder Folgen, denen ich die Kardinalzahlen $\aleph_0, \aleph_1, \ldots, \aleph_{\omega_0}, \ldots, \aleph_{\omega_1}, \ldots$ zuschreibe, auch wirklich „Mengen" in dem erklärten Sinne des Wortes, d. h. „konsistente Vielheiten" seien. Wäre es nicht denkbar, daß schon *diese* Vielheiten „inkonsistent" seien, und daß der Widerspruch der Annahme eines „Zusammenseins aller ihrer Elemente" sich *nur noch nicht bemerkbar* gemacht hätte? Meine Antwort hierauf ist, daß diese Frage auf *endliche Vielheiten ebenfalls auszudehnen* ist und daß eine genaue Erwägung zu dem Resultate führt: sogar für endliche Vielheiten ist ein „Beweis" für ihre „Konsistenz" *nicht* zu führen. Mit anderen Worten:

Die Tatsache der „Konsistenz" endlicher Vielheiten ist eine einfache unbeweisbare Wahrheit, es ist *„Das Axiom* der Arithmetik" (im alten Sinne des Wortes). Und ebenso ist die „Konsistenz" der Vielheiten, denen ich die Alephs als Kardinalzahlen zuspreche „das Axiom der erweiterten transfiniten Arithmetik". [17, S. 447/448]

Cantor hielt demnach die Widerspruchsfreiheit der Mengenlehre für nicht stärker zweifelhaft als die der gewöhnlichen Arithmetik. Die Antinomien haben ihn nie ernsthaft beunruhigt. Er blieb stets zuversichtlich und von der Bedeutung seiner Ideen überzeugt.

Ganz im Gegensatz dazu fühlten sich Dedekind und Frege von den Antinomien stark betroffen. Dedekind verzichtete für 8 Jahre auf eine Neuauflage seiner Schrift „Was sind und was sollen die Zahlen", weil, wie er im Vorwort der 1911 schließlich doch erschienenen 3. Auflage schrieb, „inzwischen sich Zweifel an der Sicherheit wichtiger Grundlagen meiner Auffassung geltend gemacht hatten". [56, S. XI] Frege erklärte in einem Nachwort zu Bd. II seiner „Grundgesetze der Arithmetik", eine der Grundlagen seines Gebäudes sei erschüttert. [72, S. 253]

Aber die Bedeutung der Mengenlehre hatte sich schon viel zu klar erwiesen, als daß es möglich gewesen wäre, sie wieder aus der Mathematik zu verbannen. Ebensowenig wie an der Wende vom 17. zum 18. Jahrhundert die Kritik an den logischen Widersprüchen der damals noch unzureichend begründeten Infinitesimalrechnung die Begeisterung für dieses neue und außerordentlich fruchtbare mathematische Werkzeug dämpfen konnte, ebensowenig haben die mengentheoretischen Antinomien die vorwärtsdrängenden Forscher der jüngeren Generation davon abhalten können, die fruchtbaren Potenzen der Mengenlehre immer tiefer auszuloten.

So schrieb Schoenflies für die Enzyklopädie der Mathematischen Wissenschaften 1899 ein Kapitel über Mengenlehre, und 1900 erstattete er im Auftrage der Deutschen Mathematikervereinigung einen 250 Seiten langen Bericht über die Entwicklung der Punktmengenlehre [173]. In Frankreich erschienen um 1900 die fundamentalen Arbeiten von Borel, Baire und Lebesgue, die die Theorie der reellen Funktionen zu einer eigenständigen Disziplin entwickelten und wichtige Grundlagen für die Funktionalanalysis schufen. Sie verwendeten dabei wesentlich die Mengenlehre. Von besonderer Bedeutung war das Auftreten Hilberts auf dem II. Internationalen Mathematikerkongreß in Paris. Der Glanzpunkt

dieses Kongresses war Hilberts Vortrag „Mathematische Probleme", in dem er 23 Probleme formulierte, deren Lösung er für die zukünftige mathematische Forschung für wesentlich erachtete. Die Hilbertschen Probleme haben eine bedeutende Rolle in der Entwicklung der Mathematik gespielt (vgl. [58]). An die Spitze seiner Probleme stellte Hilbert das Kontinuumproblem. Dann erwähnte er noch Cantors Behauptung über die Möglichkeit der Wohlordnung jeder Menge und fuhr fort: „Es scheint mir höchst wünschenswert, einen direkten Beweis dieser merkwürdigen Behauptung von Cantor zu gewinnen, . . ." [58, S. 36] Dieser demonstrative Hinweis Hilberts auf die zentralen noch offenen Probleme der Mengenlehre hat – bei der uneingeschränkten Autorität, die Hilbert damals schon genoß – zweifellos zu intensiverer Forschung auf mengentheoretischem Gebiet beigetragen.
Ohne selbst noch etwas zu publizieren, verfolgte Cantor, soweit er nicht durch seine Krankheit verhindert war, die Entwicklung auf dem Gebiet der Mengenlehre mit großer Aufmerksamkeit, wie z. B. sein Briefwechsel mit Philip Jourdain zeigt. Besonders aufregend für Cantor war der III. Internationale Mathematikerkongreß in Heidelberg im Jahre 1904, an dem er persönlich teilnahm (beim Pariser Kongreß war Cantor nicht anwesend). Auf dem Heidelberger Kongreß gab es einen Vortrag von Julius König, eines als scharfsinnig und zuverlässig bekannten Mathematikers aus Budapest. König „bewies" mittels eines Satzes von Bernstein, daß die Mächtigkeit des Kontinuums in der Reihe der Alephs überhaupt nicht vorkommt. Dieser Vortrag wirkte sensationell, erschütterte er doch die mittlerweile allgemein bekannten Grundvorstellungen Cantors über das Kontinuum und über die Möglichkeit der Wohlordnung einer jeden Menge. Sogar der Großherzog von Baden ließ sich von Felix Klein über das Ereignis berichten. Die Reaktion Cantors wird von Teilnehmern des Kongresses ganz verschieden geschildert. Während Schoenflies mitteilt [175, S. 100], daß Cantor das Königsche Resultat von vornherein für falsch hielt, berichtet Kowalewski, Cantor habe Gott gedankt, daß er ihm vergönnt habe, die Widerlegung seiner Irrtümer zu erleben [127, S. 202]. Wie dem auch gewesen ist, jedenfalls zeigte es sich schon einen Tag nach diesem Vortrag, daß König sich geirrt hatte, weil er Bernsteins Resultat in unzulässig allgemeiner Weise benutzte. Zermelo war es, der diese wichtige Feststellung traf.

Zermelo war es auch, der im Jahre 1904 den in der Folgezeit wohl am meisten diskutierten und umstrittenen Beitrag zur Mengenlehre lieferte. Durch Unterhaltungen mit Erhard Schmidt angeregt, fand er einen Beweis dafür, daß jede Menge, „für welche die Gesamtheit der Teilmengen ... einen Sinn hat" [197, S. 516], wohlgeordnet werden kann, ihre Mächtigkeit also eins der Alephs ist. Damit war eine ganz erhebliche Lücke in Cantors Theorie geschlossen, denn erst nun war die Vergleichbarkeit zweier beliebiger Kardinalzahlen gesichert und der Weg der Einführung der Kardinalzahlen über die Ordinalzahlen als lückenlos gangbar erkannt. Diese Arbeit, die Zermelo mit einem Schlag berühmt machte, nimmt in den Mathematischen Annalen ganze drei Seiten in Anspruch. Entscheidend für den Beweis war die Benutzung des Auswahlprinzips (Auswahlaxioms). Es besagt folgendes: Ist $(M_k)_{k \in K}$ ein System von paarweise disjunkten nichtleeren Mengen (K ist eine beliebige endliche oder unendliche Indexmenge), so existiert eine Teilmenge von $S = \bigcup_{k \in K} M_k$, die mit jedem M_k genau ein Element m_k gemeinsam hat, m. a. W., es gibt eine „Auswahlfunktion", die aus jedem M_k ein Element m_k „auswählt". Während vor Zermelo zahlreiche Mathematiker das Auswahlprinzip stillschweigend benutzt haben, wies Zermelo ganz ausdrücklich auf dieses Prinzip als Grundlage des Beweises hin und legte ihm den Charakter eines Axioms bei:

> Der vorliegende Beweis beruht ... auf dem Prinzip, daß es auch für eine unendliche Gesamtheit von Mengen immer Zuordnungen gibt, bei denen jeder Menge eines ihrer Elemente entspricht, ... Dieses logische Prinzip läßt sich zwar nicht auf ein noch einfacheres zurückführen, wird aber in der mathematischen Deduktion überall unbedenklich angewendet. [197, S. 516]

Neben den Antinomien haben das Zermelosche Resultat und insbesondere die Benutzung des Auswahlaxioms zu vielen Diskussionen und Auseinandersetzungen geführt, z. B. [92]. Forciert wurden diese Auseinandersetzungen durch die Entdeckung von Folgerungen aus dem Auswahlaxiom, die zunächst paradox erschienen, z. B. die Existenz nicht meßbarer Punktmengen oder die Existenz von unstetigen Lösungen der Cauchyschen Funktionalgleichung $f(x+y) = f(x) + f(y)$. Mit der Zeit entdeckte man jedoch, daß eine Reihe von Aussagen, auf die man in der Mathematik wegen ihrer zahlreichen Anwendungen schwerlich verzichten kann, zum Auswahlaxiom äquivalent sind, wie das Zornsche Lemma, der Hausdorffsche Maximalkettensatz, der Tukeysche Maximalmengensatz, der Wohlordnungssatz und andere Sätze. Überraschend war auch, daß gewisse grundlegende Sätze der Kardinalzahlarithmetik zum Auswahlaxiom äquivalent sind. Bezüglich weiterer Informationen über diese spannende Episode in der Geschichte der Mengenlehre sei auf zwei in jüngster Zeit erschienene vorzügliche Monographien verwiesen: Moore [150] und Medvedev [141].

Ein Triumph des mengentheoretischen Denkens in der Algebra war Steinitz' Arbeit „Algebraische Theorie der Körper" von 1910 [183]. Steinitz gelang hier die vollständige Klassifikation der Körper. Für den Beweis seines berühmten Satzes, daß es zu jedem Körper K bis auf Äquivalenz eindeutig genau einen algebraisch abgeschlossenen algebraischen Erweiterungskörper Ω gibt, brauchte er den Wohlordnungssatz. Zu den Zweifeln am Auswahlaxiom hatte Steinitz einen durchaus pragmatischen Standpunkt, wenn er in der Einleitung schrieb:

> Noch stehen viele Mathematiker dem Auswahlprinzip ablehnend gegenüber. Mit der zunehmenden Erkenntnis, *daß es Fragen in der Mathematik gibt, die ohne dieses Prinzip nicht entschieden werden können*, dürfte der Widerstand gegen dasselbe mehr und mehr schwinden. [183, S. 8]

So wich nach und nach die Skepsis, welche durch die neuen Schwierigkeiten in der Mengenlehre hervorgerufen war, dem konstruktiven Bemühen, die Grundlagen der Mathematik sicher zu gestalten und dabei alle fruchtbaren Begriffe, Sätze und Verfahren der Mengenlehre beizubehalten und weiterzuentwickeln.

Die Mengenlehre war ohne Zweifel zu einer selbständigen mathematischen Disziplin geworden. Hatte man im „Jahrbuch über die Fortschritte der Mathematik" die mengentheoretischen Arbeiten bis 1904 noch unter allen möglichen Rubriken, vor allem unter dem Stichwort Philosophie referiert, so erhielt sie ab Bd. 36 (1905) einen eigenen Abschnitt im Kapitel 2 „Philosophie, Mengenlehre und Pädagogik". 1905 wurden bereits 33 Arbeiten zur Mengenlehre registriert. Ab Bd. 46 (1916) erhielt die Mengenlehre ein eigenständiges Hauptkapitel, gleichrangig mit solchen großen Gebieten wie Analysis, Geometrie, Algebra und Arithmetik.

Bald nach der Jahrhundertwende erschienen auch erste monographische Darstellungen und Lehrbücher. Für das Bekanntwerden der Mengenlehre in breiten Kreisen von Mathematikern des eng-

12 Georg Cantor im Jahre 1906 [81]

lischen Sprachraums sorgte das Buch „The theory of sets of points" des Ehepaares William Henry und Grace Chisholm Young (1906) [196]. In Deutschland erschienen 1906 die „Grundbegriffe der Mengenlehre" von Hessenberg [101]. Ein Markstein in der Entwicklung war Hausdorffs Buch „Grundzüge der Mengenlehre" von 1914 [95]. Dieses Werk war das erste systematische Lehrbuch der Mengenlehre, durch das zahlreiche Mathematiker Zugang zu diesem Gebiet fanden. Die Autoren der ersten Monographien und Lehrbücher vertraten noch den sogenannten naiven Standpunkt, d. h., sie vermieden die Antinomien, indem sie einfach die Bildung solcher „uferloser" Mengen wie der Menge aller Kardinalzahlen oder der Menge aller Mengen durch Verbote ausschlossen. Das tat dem mathematischen Kern der Mengenlehre keinen Abbruch, erwiesen sich doch alle „vernünftigen" Mengen, die man „wirklich brauchte", als nicht antinomisch. Der Erkenntnisoptimismus, wie Cantor ihn stets vertreten hatte, gewann die Oberhand über die Skeptiker. So schrieb z. B. Hessenberg 1908 in bezug auf die Antinomien:

Mit ihnen [den Antinomien] wird die produktive Mengenlehre so gut fertig werden, wie die Durchbildung des Stetigkeitsbegriffes mit den alten Sophismen über die Unmöglichkeit der Bewegung aufgeräumt hat. Und man kann ihr, im Hinblick auf diesen Präzedenzfall, sogar einige Jahrtausende Zeit dazu lassen. Ich stimme also in Herrn Schoenflies' Schlachtruf: „Wider alle Resignation und wider alle Scholastik" freudig ein und glaube, daß das Schwinden der Skepsis bereits deutliche Anzeichen in der Literatur gezeitigt hat. [102, S. 145]

Auf die Dauer allerdings hat der naive, lediglich das produktive Arbeiten mit der Mengenlehre betonende Standpunkt die Mathematiker nicht befriedigt (s. Kapitel „Ausblick").

Mit der zunehmenden Anerkennung der Mengenlehre wurden auch Cantor eine Reihe persönlicher Ehrungen zuteil. 1901 wurde er Ehrenmitglied der London Mathematical Society, 1902 Ehrendoktor der Universität Oslo. 1904 erhielt er die höchste Auszeichnung der Royal Society auf mathematischem Gebiet, die Sylvester-Medaille. Im Jahre 1912 ernannte die schottische Universität St. Andrews Cantor zum Ehrendoktor, und das R. Instituto Veneto de Scienze, Lettere ed Arti berief ihn zum korrespondierenden Mitglied. Auch eine verspätete staatliche Anerkennung setzte ein: 1908 ernannte man Cantor zum Geheimen Regierungsrat, und 1913 wurde ihm der Königliche Kronen-Orden 3. Klasse verliehen. In die Berliner Akademie jedoch ist Cantor zeitlebens nicht gewählt worden. Die Animosität war wechselseitig. Als Poincaré zum korrespondierenden Mitglied der Berliner Akademie ernannt wurde, kommentierte das Cantor in einem Brief an Lemoine vom 17. 3. 1896 mit den Worten des Gretchen aus Goethes Faust:

Es thut mir lang schon weh,
Daß ich Dich in der Gesellschaft seh [143, S. 516]

Über Mengenlehre hat Cantor nach 1897 nichts mehr publiziert, sieht man von der ganz kurzen Note [43 a] aus dem Jahre 1903 ab. Er hat jedoch öfter in Briefen von bevorstehenden Publikationen gesprochen. Möglicherweise haben ihn die in seinen letzten Lebensjahren häufiger als früher auftretenden Krankheitsperioden am Veröffentlichen gehindert. In einem Brief an Schwarz vom 22. 1. 1913 stehen sogar die Worte:

Die *wichtigsten Teile* meiner betreffenden Arbeiten habe ich, durch eigenartig-widrige Verhältniße, bisher nicht publiciren können. *Ich hoffe, daß mir dies bald vergönnt sein wird.* [144, S. 269]

Man hat im vorhandenen Nachlaß Cantors weiterreichende Ansätze als die publizierten nicht auffinden können, allerdings müssen erhebliche Teile des Nachlasses als verloren gelten [80].
Als akademischer Lehrer wirkte Cantor bis zum Januar 1911. In [1, Bd. III, Bl. 245/246] findet sich in einem Bericht des Kurators der Universität Halle ein Verzeichnis der angekündigten und gehaltenen mathematischen Vorlesungen von 1905–1917, welches das in [122] veröffentlichte Verzeichnis etwas modifiziert. Daraus geht hervor, daß Cantor in den Wintersemestern 1905/06, 1907/08, 1908/09 wegen Krankheit beurlaubt war. Seine letzte Vorlesung im WS 1910/11 hatte die analytische Mechanik zum Thema. Von Sommersemester 1911 bis Wintersemester 1912/13 war Cantor wieder beurlaubt, im Sommer 1913 wurde er emeritiert. Am Fakultätsleben nahm er weiterhin teil; man findet seine Unterschrift noch des öfteren auf offiziellen Dokumenten der Fakultät, letztmalig am 16. 5. 1914 [1, Bd. II, Bl. 206].

13 August Gutzmer, langjähriger Kollege Cantors in Halle (Archiv Teubner Verlag)

Zu Cantors 70. Geburtstag im Jahre 1915 hatte man eine große internationale Würdigung ins Auge gefaßt. Wegen des ersten Weltkrieges kam sie nicht zustande, und man mußte sich auf eine Feier im nationalen Rahmen beschränken, die am 3. März 1915 im Cantorschen Hause in Halle stattfand. Es sprachen u. a. Gutzmer als Rektor der Universität, Hilbert im Auftrag der Göttinger Gesellschaft der Wissenschaften, Lorey und Bernstein im Namen der Schüler. Man gab eine Marmorbüste in Auftrag, die sich heute im Hauptgebäude der Martin-Luther-Universität Halle befindet. Die Grußadresse der Deutschen Mathematikervereinigung hatte folgenden Wortlaut:

Ihrem Gründungsmitglied und ersten Vorsitzenden Herrn Geheimen Regierungsrat
Dr. Georg Cantor
o. Professor der Mathematik an der Universität Halle a/Saale, dem Schöpfer der Mengenlehre, der dem Begriff des Unendlichen einen klaren Sinn

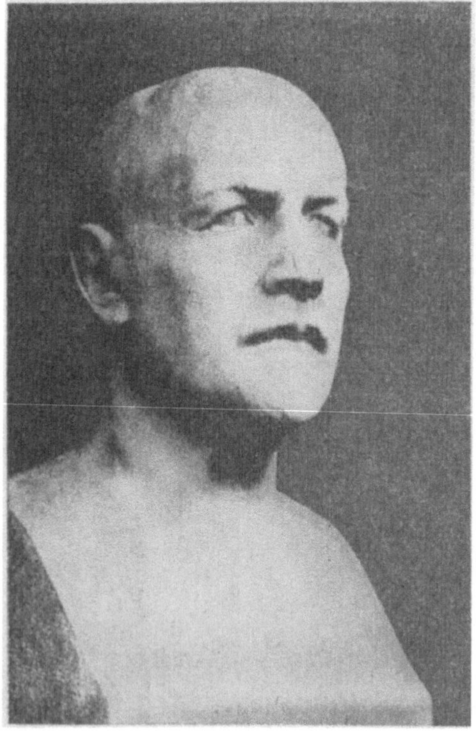

14 Marmorbüste Cantors, die der Bildhauer Walther Lobach im Auftrage der DMV anläßlich der Feiern zu Cantors 70. Geburtstag geschaffen hat [Universität Halle, Hauptgebäude]

gegeben und mit neuartigen, tiefen und weitausgreifenden Gedanken alle Gebiete der Mathematik befruchtet hat, gratuliert zum
siebzigsten Geburtstage
mit dem Ausdruck des Dankes und der Verehrung
Die Deutsche Mathematikervereinigung. [134, S. 271]

Seit Sommer 1917 war Cantor wieder krank. Er verstarb am 6. Januar 1918 in Halle. In einem Kondolenzschreiben an Vally Cantor gab Edmund Landau den Gefühlen zahlreicher Mathematiker Ausdruck, wenn er schrieb:

Mit tiefem Schmerz erfahre ich, daß Ihr Mann gestorben ist. Ihre Trauer teilt die ganze mathematische Welt. Er gehörte zu den größten und genialsten Mathematikern aller Länder und aller Zeiten. [144, S. 270]

15 Cantor wenige Wochen vor seinem Tode [81]

Ausblick

Die Ursache der mengentheoretischen Antinomien hatte darin gelegen, daß der Cantorsche Mengenbegriff eine uneingeschränkte Mengenbildung erlaubte und damit zu solch schwindelerregend uferlosen Mengen wie der Menge aller Ordnungszahlen oder der Menge aller Mengen führen konnte, die sich als in sich widerspruchsvoll erwiesen hatten. Die Methode, die zur Überwindung dieser Schwierigkeiten geeignet war, konnte nur darin bestehen, auf eine explizite Definition des Begriffs „Menge" zu verzichten und die zulässigen Mengenbildungen durch geeignete Axiome festzulegen, und zwar so, daß einerseits eine hinreichend reichhaltige Mengenlehre entsteht und daß andererseits keine antinomischen Mengen auftreten können.
Im Jahre 1899 hatte Hilbert den Mathematikern in seinem fundamentalen Werk „Grundlagen der Geometrie" das Wesen und die Tragweite der axiomatischen Methode in aller Klarheit vor Augen geführt. Die Grundbegriffe Punkt, Gerade, Ebene werden in diesem axiomatischen System der Euklidischen Geometrie nicht definiert, vielmehr werden die gegenseitigen Beziehungen dieser Grundbegriffe durch die Axiome festgelegt. Hilbert gelang so ein lückenloser Aufbau der Euklidischen Geometrie, deren Widerspruchsfreiheit er unter Voraussetzung der Widerspruchsfreiheit der Arithmetik nachweisen konnte.
Nach diesem methodischen Vorbild unternahm erstmals Zermelo im Jahre 1908 [198] einen axiomatischen Aufbau der Mengenlehre. Zermelo ging von einem Bereich $\mathfrak{B}$ von Objekten aus, die er als „Dinge" bezeichnete. Der undefinierte Grundbegriff ist bei Zermelo das „Ding", die undefinierte Grundrelation die Elementbeziehung (bezeichnet mit $\in$); der Mengenbegriff wird mittels $\in$-Beziehung eingeführt:

Zwischen den Dingen des Bereiches $\mathfrak{B}$ bestehen gewisse „*Grundbeziehungen*" der Form $a \in b$. Gilt für zwei Dinge a, b die Beziehung $a \in b$, so sagen wir. „a sei *Element* der Menge b" oder „b enthalte a als Element" oder „besitze das Element a". Ein Ding b, welches ein anderes a als Element enthält, kann immer als eine Menge bezeichnet werden, ... [198, S. 262]

Sieben Axiome charakterisieren bei Zermelo die Beziehungen zwischen den Dingen und der Relation „ $\in$ “ und legen die zulässigen Mengenbildungen fest. Axiom I besagt, daß jede Menge durch ihre Elemente bestimmt ist, d. h. aus $M \subseteq N$ und $N \subseteq M$ folgt $M = N$. Axiom II sichert die Existenz gewisser elementarer Mengen, nämlich die der Nullmenge Ø (leeren Menge) und bei gegegebenen Dingen a, b die der Mengen $\{ a \}$ und $\{ a, b \}$. Das Axiom IV fordert bei gegebener Menge M die Existenz der Potenzmenge (Menge aller Teilmengen von M), Axiom V die Existenz der Vereinigungsmenge gegebener Mengen. Axiom VI ist das Auswahlaxiom. Axiom VII fordert die Existenz einer Menge Z, die Ø enthält und mit jedem a auch $\{ a \}$. Dieses Axiom sichert somit die Existenz wenigstens einer unendlichen Menge mit den Elementen $\emptyset, \{\emptyset\}, \{\{\emptyset\}\}, \{\{\{\emptyset\}\}\}, \ldots$ Das anfechtbarste der Zermeloschen Axiome war ohne Zweifel sein Axiom III, welches er als Aussonderungsaxiom bezeichnete. Zermelo nennt eine Aussage $\mathfrak{E}$ definit, wenn über ihre Wahrheit „die Grundbeziehungen des Bereiches vermöge der Axiome und der allgemeingültigen logischen Gesetze ... entscheiden“ [198, S. 263]. Eine Klassenaussage $\mathfrak{E}(x)$ ist definit, wenn sie für jedes x definit ist. Axiom III lautet dann so:

Ist die Klassenaussage $\mathfrak{E}(x)$ definit für alle Elemente einer Menge M, so besitzt M immer eine Untermege $M_{\mathfrak{E}}$, welche alle diejenigen Elemente x von M, für welche $\mathfrak{E}(x)$ wahr ist, und nur solche als Elemente enthält. [198, S. 263]

Das System von Zermelo wurde später von Fraenkel und Skolem vervollständigt. Insbesondere wurde das Aussonderungsaxiom mit Hilfe eines nur mittels der $\in$-Relation und den übrigen Axiomen definierten Funktionsbegriffs präzisiert (vgl. [65]). Später kam ein Schema von Ersetzungsaxiomen und ein Fundierungsaxiom hinzu. Das Aussonderungsaxiom wurde dadurch völlig überflüssig (vgl. [69], [180], [62]). Das Auswahlaxiom wurde wegen seines besonderen Charakters zunächst herausgelassen. Das vervollständigte Zermelo-Fraenkelsche System, oft kurz als ZF bezeichnet, ist die Basis vieler moderner Grundlagenuntersuchungen geworden. Nimmt man zu ZF das Auswahlaxiom hinzu, so bezeichnet man

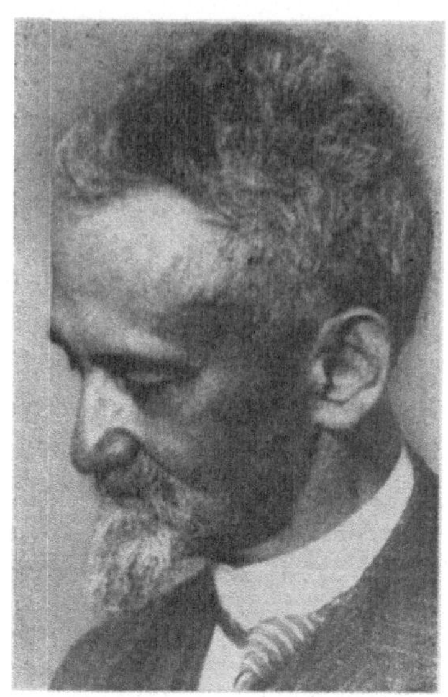

16a Gösta Mittag-Leffler [Möbius, P. J.: Ueber die Anlage zur Mathematik, Leipzig 1907]
b Felix Hausdorff [Universität Greifswald, Sekt. Mathematik]
c Ernst Zermelo [150]
d David Hilbert [Reid, C.: Hilbert. Berlin–Heidelberg–New York 1970]

das entstehende System mit ZFC. ZFC gestattet den Aufbau einer inhaltlich genügend reichhaltigen Mengenlehre, in der die bekannten mengentheoretischen Antinomien nicht auftreten können. Es ist in neuerer Zeit sogar gelungen, einen weitgehend befriedigenden Beweis für die Widerspruchsfreiheit von ZFC zu finden (s. [63]).

Einen von dem Zermeloschen verschiedenen Aufbau der Mengenlehre gaben 1910 Russell und Whitehead in den „Principia mathematica“ [166]. Ihre Grundidee ist ein Stufenaufbau der Mengenlehre. Ausgangspunkt ist ein Bereich von Mengen 0-ter Stufe oder Individuen. Eine Menge der Stufe n enthält als Elemente nur Mengen der Stufen $\leq n-1$. Die Stufenzählung geht dabei über den Bereich der natürlichen Zahlen hinaus; man kann also Mengen α-ter Stufe bilden, wo α eine beliebige transfinite Ordinalzahl ist.

Ein weiteres vielbenutztes axiomatisches System der Mengenlehre ist der von von Neumann, Bernays, Gödel und Ackermann stammende Klassenkalkül. Dem Mengenbegriff ist hier der allgemeinere Begriff der Klasse übergeordnet. Mengen sind solche Klassen, die als Elemente anderer Mengen auftreten können. Die antinomischen Gesamtheiten der naiven Mengenlehre erscheinen in diesem System als Klassen, die keine Mengen sind. Die Klasse aller Ordinalzahlen etwa verliert natürlich hier ihren antinomischen Charakter, da ihr selbst keine Ordinalzahl mehr zugeordnet werden kann. Die Grundidee eines solchen Aufbaus finden wir schon in Cantors Unterscheidung von konsistenten und inkonsistenten Vielheiten (s. S. 96).

Es gibt zahlreiche weitere axiomatische Systeme der Mengenlehre, z. B. das von Klaua, welches den Russellschen Stufenaufbau mit dem von Neumannschen Klassenkalkül verschmilzt.

Man muß betonen, daß sich die jeweiligen „Mengenlehren“ durchaus unterscheiden. Es gibt nicht *die* Mengenlehre, wie sie sich Cantor im Sinne einer Platonschen Ontologie als existent vorstellte. Besonders bemerkenswert ist, daß es gerade die konsequente Fortsetzung des mathematischen Lebenswerkes Cantors war, die jeder platonistischen Ontologie in der Mathematik endgülig den Boden entzogen hat.

Die Kontroverse zwischen Kronecker und Cantor um Grundlagenfragen der Mathematik betraf letzten Endes die Frage, was man unter Existenz in der Mathematik zu verstehen habe. Während Kronecker nur eine Art starken Existenzbegriff (Existenz = Konstruierbarkeit) zulassen wollte, vertrat Cantor einen schwächeren Existenzbegriff, den Hilbert später präzise durch die Formel „Existenz = Widerspruchsfreiheit" charakterisierte (s. [58, S. 38]). Hat man die Existenz eines Objekts (etwa die Existenz transzendenter Zahlen) in diesem schwachen Sinne bewiesen, so bedeutet das nur, daß jeder Versuch, die Annahme der Existenz ad absurdum zu führen, von vornherein zur Aussichtslosigkeit verurteilt ist. Alle Existenzsätze, die mittels des Auswahlaxioms bewiesen werden, sind z. B. von diesem schwachen Typ.

Eine Fortsetzung der Auseinandersetzung um die Grundlagen auf einer neuen, viel präziser bestimmten Ebene war der Grundlagenstreit in der Mathematik, der in den ersten Jahrzehnten unseres Jahrhunderts z. T. mit Erbitterung geführt wurde. Einige Autoren sprechen sogar etwas übertrieben von einer Grundlagenkrise der Mathematik. Man unterscheidet in diesem Grundlagenstreit drei philosophisch-mathematische Strömungen, den Logizismus, den Formalismus und den Intuitionismus.

Es wäre falsch zu behaupten, daß die Antinomien der Mengenlehre und die Auseinandersetzungen um das Auswahlaxiom die letztendliche Ursache für den Grundlagenstreit gewesen sind, obwohl sie ohne Zweifel stark stimulierend auf die Grundlagenforschung gewirkt haben. Die Keime der Kontroversen lagen – wie erwähnt – weit vor der Entdeckung der Antinomien. Es wäre ferner verfehlt, alle an der Grundlagenforschung beteiligten Mathematiker einer dieser Strömungen eindeutig zuordnen zu wollen. Es gab zahlreiche Zwischenstufen und vermittelnde Standpunkte. Im übrigen haben die meisten Mathematiker von den Grundlagendebatten kaum Notiz genommen und sind unangefochten ihrer Forschungsarbeit nachgegangen.

Die Logizisten, an ihrer Spitze Russell und Whitehead mit den „Principia mathematica", wollten die Mengenlehre und die auf ihr basierende Mathematik auf Logik reduzieren. Vorläufer dieser Strömung waren Dedekind, Peano und Frege. Erkenntnistheoretisch ging der Logizismus von einer Existenz der Mengen und ihrer Beziehungen im objektiv-idealistischen Sinne aus und kam so Cantors Standpunkt noch am nächsten. Allerdings haben nur wenige Mathematiker, unter denen sich auch Cantor nicht befand, eine Reduktion der Mathematik auf die Logik für möglich gehalten. Der positive Beitrag des Logizismus ist sein Anteil am Ausbau der mathematischen Logik zu einer selbständigen mathematischen Disziplin und der große Fortschritt bei der Formalisierung der mathematischen Ausdrucks- und Beweismittel.

Im Mittelpunkt der Grundlagendebatte stand in den zwanziger Jahren die Polemik zwischen den von Hilbert angeführten Formalisten und den Intuitionisten mit Brouwer an der Spitze. Nachdem Hilbert um 1900 der axiomatischen Methode zum Durchbruch verholfen und die Widerspruchsfreiheit der Geometrie auf die der Arithmetik zurückgeführt hatte und nachdem erste Axiomensysteme der Mengenlehre formuliert waren, entstand das Problem, direkte Beweise für die Widerspruchsfreiheit solcher Theorien wie der Mengenlehre und der Arithmetik zu liefern. Diese Bemühungen führten zu Hilberts Beweistheorie, die jedes inhaltliche Schließen aus der Mathematik verbannte. Die Axiome einer Theorie wurden als gewisse Zeichenreihen aufgefaßt, aus denen nach vorgeschriebenen formalen Regeln neue Zeichenreihen gebildet werden konnten. Die mathematische Theorie selbst stellte dann einen gewissen Bestand an Zeichenreihen dar. Der Beweis der Widerspruchsfreiheit der Arithmetik lief in dieser Auffassung darauf hinaus einzusehen, daß sich aus den Axiomen der Arithmetik mittels der zugelassenen Schlußregeln niemals die Zeichenreihe $1 = 0$ ergeben kann. Hilbert selbst hat sein Vorgehen sehr instruktiv folgendermaßen beschrieben:

Ganz entsprechend wie beim Übergang von der inhaltlichen Zahlenlehre zur formalen Algebra betrachten wir die Zeichen und Operationssymbole des Logikkalküls losgelöst von ihrer inhaltlichen Bedeutung. Dadurch erhalten wir schließlich an Stelle der inhaltlichen mathematischen Wissenschaft, welche durch die gewöhnliche Sprache mitgeteilt wird, nunmehr einen Bestand von Formeln mit mathematischen und logischen Zeichen, welche sich nach bestimmten Regeln aneinander reihen. Den mathematischen Axiomen entsprechen gewisse unter den Formeln und dem inhaltlichen Schließen entsprechen die Regeln, nach denen die Formeln aufeinander folgen: das inhaltliche Schließen wird also durch ein äußeres Handeln nach Regeln ersetzt und es wird damit einerseits für die Axiome selbst, die doch auch ursprünglich naiv als Grundwahrheiten gemeint waren, die aber schon längst in der modernen Axiomatik bloß als Verknüpfungen von Begriffen angesehen wurden, wie ferner auch für den Logikkalkül, der ursprünglich nur eine andere Sprache sein sollte, jetzt der strenge Übergang von naiver zu formaler Behandlung vollzogen. [104, S. 177]

Hilbert glaubte mit diesem Vorgehen, die Schwierigkeiten des Unendlichen endgültig aus dem Wege geräumt zu haben, denn dadurch, daß jede Theorie aus einem endlichen Axiomensystem mittels eines endlichen Satzes von Schlußregeln deduzierbar schien, war das Unendliche auf das beherrschbare Endliche zurückgeführt: „Das Operieren mit dem Unendlichen kann nur durch das Endliche gesichert werden.“ [104, S. 190]
Hilberts Programm der Begründung der Mathematik hat sich als undurchführbar erwiesen. 1931 nämlich publizierte Gödel seinen berühmten Unvollständigkeitssatz [77], der besagt, daß es in jeder genügend ausdrucksfähigen axiomatisierten Theorie (wie z. B. der axiomatisierten Mengenlehre) eine weder beweisbare noch widerlegbare Aussage gibt. Eine solche Aussage *A* oder ihre Negation kann also als ein jeweils neues Axiom zu den vorhandenen hinzugefügt werden usw. Wenn der Formalismus auch als Programm der Begründung der Mathematik und als philosophische Strömung, die die Form gegenüber dem Inhalt verabsolutierte, gescheitert ist, so hat er doch eine Reihe von methodischen Fortschritten gebracht: die Entwicklung der Beweistheorie und damit die Herausarbeitung des syntaktischen Aspekts der Mathematik, die Durchbildung und Popularisierung der axiomatischen Methode und nicht zuletzt die Verteidigung der klassischen mathematischen Denkweise gegen die einseitigen Versuche der Intuitionisten, großen Teilen der klassischen Mathematik die Existenzberechtigung abzusprechen. Dem Erkenntnisoptimismus Hilberts können wir auch heute freudig zustimmen:

Fruchtbaren Begriffsbildungen und Schlußweisen wollen wir, wo immer nur die geringste Aussicht sich bietet, sorgfältig nachspüren und sie pflegen, stützen und gebrauchsfähig machen. Aus dem Paradies, das Cantor uns geschaffen, soll uns niemand vertreiben können. [104, S. 170]

Der Intuitionismus führte die Kritik Kroneckers an gewissen Schlußweisen der klassischen Mathematik weiter. Er lehnte das Prinzip vom ausgeschlossenen Dritten für unendliche Mengen ab und damit auch den klassischen Existenzbegriff, der auf der Anwendung dieses Prinzips beruht. Von einer subjektiv-idealistischen Grundposition ausgehend verabsolutierten Brouwer und seine Anhänger den konstruktiven Aspekt der Mathematik. Überhaupt war das Verabsolutieren jeweils eines Aspekts der Mathematik charakteristisch für alle drei der genannten philosophisch-mathematischen Strömungen und wirkte sich dementsprechend negativ aus. Etwa ab 1930 wurden diese negativen Tendenzen und damit auch die scharfen Kontroversen unter den Grundlagenforschern zunehmend überwunden, und die berechtigten und fruchtbaren Anliegen jeder dieser Strömungen wurden in den Vordergrund gerückt. Für den Intuitionismus leistete das Kolmogorov nach Vorarbeiten von Heyting durch die Deutung der intuitionistischen Logik als einer Logik der konstruktiven Beweise. Damit mündete der Intuitionismus in die sogenannte konstruktive Mathematik, die den Verfahrensaspekt der Mathematik pflegt und deren Bedeutung durch die Entwicklung der Computerwissenschaft und -technik ständig zunimmt.

Seit Cantor hat die mathematische Grundlagenforschung zahlreiche fundamenale Resultate erzielt, die unsere Einsicht in die Grundlagen unserer Wissenschaft wesentlich vertieft haben. Einen gedrängten Überblick über die wichtigsten Fortschritte findet man in [99] und [129]. Das wohl weitreichendste Resultat war die Lösung des Kontinuumproblems durch Paul Cohen im Jahre 1963, 85 Jahre, nachdem es Cantor erstmalig erwähnt hatte [46]. Cohen zeigte mit einer eigens dafür entwickelten und auch bei weieren Problemen äußerst fruchtbaren Beweistechnik (forcing), daß unter Voraussetzung der Widerspruchsfreiheit des Systems ZF die Kontinuumhypothese in ZFC unbeweisbar ist. Bereits 1938 hatte Gödel zeigen können, daß die Kontinuumhypothese und das Auswahlaxiom in ZF nicht widerlegbar sind, falls ZF widerspruchsfrei ist. Die Kontinuumhypothese ist also in ZFC unentscheidbar. Dasselbe gilt von der verallgemeinerten Kontinuumhypothese. Wir haben hier in der Mengenlehre (und damit in der darauf basierenden Mathematik) eine ähnliche Situation wie in der Geometrie. Dort ist das Parallelenaxiom in der absoluten Geometrie unentscheidbar; die Geometrie gabelt sich am Parallelenaxiom. Ebenso gabelt sich die Mengenlehre (und damit die Mathematik) an der Kontinuumhypothese. Präziser muß man allerdings sagen, die Mengenlehre auf Basis ZFC, denn es ist durchaus denkbar, daß die Kontinuumhypothese in einer Mengenlehre mit zusätzlichen oder anderen Axiomen entscheidbar wird. So gesehen läßt das Kontinuumproblem immer noch Fragen offen. Wenn wir als Grundlage der Mathematik das System ZF akzeptieren, so haben wir folgende Situation: Es gibt eine „absolute“ Mathematik, bestehend aus allen von der Kontinuumhypothese unabhängigen Sätzen. Zum Beispiel werden die Sätze über Primzahlen dorthin gehören. Dann gabelt sich die Mathematik an der Kontinuumhypothese. Anschaulich wird die Situation oft mit einer Hose verglichen. Die absolute Mathematik ist der obere Teil, das eine Hosenbein hat als zusätzliches Axiom zu ZFC die Kontinuumhypothese, das andere Hosenbein die Negation der Kontinuumhypothese. Es erhebt sich nun die Frage, ob es außerhalb der unmittelbaren Grundlagenforschung mathematische Sätze gibt, etwa aus dem Gebiet der Funktionalanalysis, die in einem der „Hosenbeine" liegen. Das ist in der Tat der Fall, womit der Fakt der Gabelung der Mengenlehre an der Kontinuumhypothese ein grundsätzliches, über die Grundlagenforschung weit hinausgehendes Interesse gewinnt. Wir geben zur Illustration ein Beispiel für solch ein Theorem an [50]: Sei $\mathfrak{A}$ eine Banach-Algebra mit unendlich vielen Charakteren, dann gibt es unter Annahme der Kontinuumhypothese einen unstetigen Algebren-Homomorphismus von $\mathfrak{A}$ in eine Banach-Algebra, und es gibt eine unvollständige Algebren-Norm auf $\mathfrak{A}$, welche die gegebene Norm majorisiert. Das Problem der Gabelung der Mengenlehre an der Kontinuumhypothese und die offensichtliche Abhängigkeit dieser Tatsache vom zugrundeliegenden Typ von Mengenlehre (d. h. vom gewählten Axiomensystem) macht noch einmal deutlich, daß eine platonistische Auffassung von der objektiven Existenz des Reiches der Mengen mit allen ihren Eigenschaften nicht aufrechterhalten werden kann. Cantor suchte entsprechend dieser Auffassung auf die Frage nach der Gültigkeit der Kontinuumhypothese eine Antwort vom Typ „Ja – Nein", und es mußte fast ein Jahrhundert vergehen, ehe klar wurde, warum Cantor trotz Aufbietung aller seiner überragenden Geisteskraft eine solche Antwort nicht hat finden können.

Cantor war stets der Überzeugung gewesen, daß seine Begriffsbildungen auch naturwissenschaftlich relevant seien, woran ziemlich einhellig alle Mathematiker zweifelten. In neuerer Zeit hat man eine Reihe bemerkenswerter Anwendungen der Cantorschen Diskontinua (Cantormengen) in den Naturwissenschaften entdeckt; sie liegen freilich nicht in der Richtung, in der Cantor Anwendungen seiner Theorie gesucht hat.

Ulam hat seit etwa 1950 verschiedene Bemerkungen dahingehend gemacht, daß Cantormengen in der Theorie des Gravitationsgleichgewichts großer Sternhaufen eine Rolle spielen könnten [206]. 1971 haben Ruelle und Takens die mögliche Bedeutung von Cantormengen in der Turbulenztheorie hervorgehoben [203], [204]. Hofstadter hat 1976 gezeigt, daß das Spektrum eines gewissen quantenmechanischen Systems eine Cantormenge ist [200]. In dieser Richtung gab es weitere bedeutende Fortschritte [205]. Einen Überblick über die Gesamtproblematik gibt das Buch von Mandelbrot [202].

In jüngster Zeit ist auch eine mögliche Anwendung der Cantormengen auf ein uraltes Problem erwogen worden. Eine der eindrucksvollsten Entdeckungen der amerikanischen Raumsonde Voyager I war nämlich die Tatsache, daß der Saturnring eine außerordentlich komplexe Struktur hat. Man kann das Problem des Saturnringes theoretisch durch einen fastperiodischen Hillschen Operator modellieren. Es zeigt sich dann, daß das Spektrum eines solchen Operators ein Cantorsches Diskontinuum ist und daß diese Tatsache die außerordentlich komplizierte Struktur des Saturnringes erklären kann [4].

Die Bedeutung der Mengenlehre für die Entwicklung der Mathematik in den letzten 100 Jahren kann wohl kaum überschätzt werden. Man stelle sich etwa die moderne Algebra, Funktionalanalysis, Wahrscheinlichkeitstheorie, Topologie oder Grundlagenforschung ohne Mengenlehre vor. Das ist undenkbar. So gesehen stand Cantor am Beginn einer tiefgreifenden irreversiblen Umgestaltung der Mathematik, welche die Basis jedes weiteren Fortschritts sein wird, auch wenn dieser sich zunehmend an konkreten, z. T. klassischen Problemen der Mathematik selbst und an der verstärkten Anwendung der Mathematik in den verschiedensten gesellschaftlichen Bereichen orientiert.

Dokumentenanhang

Nr. 1: Brief Cantors an Althoff (eigenhändig)
Text:

An den Geh. Oberregierungsrath
Dr. Althoff
Vortragendem Rath im Unterrichtsministerium
in Berlin

Halle a. d. Saale d.
30ten Januar 1896
Händelstraße 13

Hochwohlgeboren
Hochgeehrter Herr Geheimrath

Unter Hinweis auf eine Unterredung, die ich mit Euer Hochwohlgeboren im November vorigen Jahres hatte, erlaube ich mir, Ihnen den Wunsch auszusprechen, daß mir für einen, wissenschaftlichen Zwecken dienenden mehrmonatigen Aufenthalt in Italien und Frankreich vom hohen Ministerium ein Reisestipendium von fünfzehnhundert Mark gewährt, sowie auch vom 1ten März dieses Jahres an und für das nächste Sommersemester ein Urlaub bewilligt werde.

Ich stehe nun im 54ten Semester meiner Lehrtätigkeit in Halle und es würde das erste Mal sein, daß ich diese Wirksamkeit unterbräche.

Meine wissenschaftlichen Arbeiten haben mich seit 25 Jahren in enge Beziehungen zu Gelehrten beider Länder gesetzt und gerade jetzt wieder, nachdem ich vor einigen Monaten die Herausgabe einer größeren Arbeit in den „Mathematischen Annalen" begonnen habe, wird gleichzeitig sowohl eine italienische, wie auch eine französische Ausgabe derselben von dortigen Professoren ausgeführt.

Noch in einer anderen Hinsicht würde es mir wichtig sein, mich mit meinen Fachgenossen in Italien und Frankreich persönlich besprechen zu können. Allerorts wird seit einigen Jahren ernsthaft die Einrichtung von alle drei bis fünf Jahre regelmäßig wiederkehrenden internationalen Mathematikercongressen geplant. Die Idee dazu geht ursprünglich von mir aus, wie ich ja auch die seit fünf Jahren bestehende „Deutsche Mathematikervereinigung" in's Leben gerufen habe. Es ist in Aussicht genommen, die Constituirung und Organisirung dieser „Internationalen Mathematikervereinigung" im Herbst des Jahres 1897 in Zürich oder Brüssel in's Werk zu setzen.

Ich bitte Ew. Hochwohlgeboren ganz besonders auch im Interesse dieser Sache, mir die Mittel zu der geplanten Reise zu gewähren; denn derartige internationale Vereinigungen sind gleichsam Imponderabilien, welche den so dringend gewünschten und nothwendigen Friedenszustand unter den Culturvölkern zu fördern und zu befestigen helfen.

Wie meine Verhältnisse jetzt liegen, mit den heranwachsenden sechs Kindern und verhältnismäßig noch immer niedrigem Gehalt, würde ich nicht im Stande sein, die Kosten dieser Reise aus eigenen Mitteln zu bestreiten.

Ich bitte Sie daher, sehr geehrter Herr Geheimrath, das Wohlwollen, welches Sie allen wissenschaftlichen Bestrebungen schenken, auch meinem Gesuch angedeihen zu lassen.

Mit vorzüglicher Hochachtung
Euer Hochwohlgeboren
gehorsamst ergebener
Georg Cantor

Quelle: Zentrales Staatsarchiv Merseburg, Rep. 76 V^a, Sekt. 8, Tit. IV, Bd. XIX, Bl. 149

Nr. 2: Brief des Universitätskurators Schrader an Althoff vom 5. 2. 1896, in welchem er zu Cantors Gesuch Stellung nimmt.
Text:

Hochzuverehrender Herr Geheimer Oberregierungsrat!

Der Professor Cantor besitzt ein eigenes Haus und bezieht neben seinem amtlichen Einkommen von 4 400 M. Geh. nebst 660 M. Wohnungsgeldzuschuß =) 5 000 M aus seinem oder seiner Frau Privatvermögen einen Zinsertrag von 4 000–4 500 M jährlich nach meiner Schätzung; andernfalls würde er auch seine zahlreiche Familie nicht standesgemäß halten und erziehen können. Aus letzterem Grunde ist völlig glaublich, daß er den Aufwand einer italienisch-französischen Reise, die er mit 1 500 M. kaum zu hoch veranschlagt, nicht aus eigenen Mitteln bestreiten kann. Ich würde ihm deshalb eine gütige Berücksichtigung seines Wunsches um so mehr gönnen, als er durch die kürzliche Ordensverleihung an den jüngeren, aber tüchtigeren Wangerin, die übrigens durchaus gerechtfertigt war und als solche auch in Universitätskreisen anerkannt wird, sich doch verletzt fühlen dürfte.
Ob indes seine Reise ein bedeutendes wissenschaftliches Ergebnis haben würde, scheint mir bei seiner Geistesart sehr zweifelhaft; mindestens der internationale Kongreß müßte doch noch von bedeutenderen Mathematikern eingeleitet werden und könnte jedenfalls auch ohne Cantors Reise ins Leben treten. Sein persönliches Zusammentreffen mit den wissenschaftlichen Freunden in Italien und Frankreich mag ihm selbst erwünscht und förderlich sein; ob auch der Wissenschaft, ist bei seinen periodisch wiederkehrenden Krankheitsanfällen sehr unsicher. Gegen seine Beurlaubung während des kommenden Sommersemesters besteht kein ernsthaftes Bedenken, da bei der geringen hiesigen Zahl der studirenden Mathematiker (etwa 10–12) Wangerin und auch Eberhard den Ausfall leicht decken werden.
Wollen Euer Hochwohlgeboren die Bitte des pp. Cantor berücksichtigen, so würde ich hierzu die Bewilligung des Urlaubs und eines Reisezuschusses von 1 000 M. für ausreichend halten.
[Der Rest des Briefes betrifft nicht mehr Cantor]
Unterschrift: Schrader

Quelle: Zentrales Staatsarchiv Merseburg, Rep. 76 V^a, Sekt. 8, Tit. IV, Bd. XIX, Bl. 150

Althoff antwortete auf dieses Schreiben Schraders am 22. 2. 1896. Er teilt dort mit, daß Cantor eine Gehaltszulage von 400 Mark erhält. Ein Reisekostenzuschuß für Cantor wird ohne Begründung abgelehnt. (ZStA, Rep. 76 V^a, Sekt. 8, Tit. IV, Bd. XIX, Bl. 153)

Nr. 3: Im Verlaufe der schweren gesundheitlichen Krise der Jahre 1899/1900 stellte Cantor am 10. November 1899 einen Antrag an den Staatssekretär im Innenministerium, Graf von Posadowski-Wehner, ihn aus dem Professorenstande zu entlassen und im Diplomatischen Dienst oder als Bibliothekar einzusetzen. Dieser Antrag ist bei Grattan-Guinness [81, S. 378/379] veröffentlicht. Der folgende Brief des Universitätskurators Schrader ist die von Althoff dazu erbetene Stellungnahme:
Text:

Halle a. S. d. 26. November 1899

Euer Hochwohlgeboren geneigtem Schreiben vom 23. d. M. zufolge habe ich über den Zustand des Professors Cantor eingehend mit seinem langjährigen Hausarzt Sanitätsrat Dr. Mekus gesprochen, der ihn auch jetzt beobachtet hat. Dr. Mekus ist der Überzeugung, daß der diesmalige Aufregungszustand des Cantor durch die Auflösung der Verlobung seiner Tochter zu ungewöhnlicher Höhe und Länge gesteigert sei, daß die Dauer dieses Zustandes nicht zu berechnen sei, ihn aber, vermutlich bald, eine gleich starke Depression ablösen werde. Der Versuch unmittelbarer Einwirkung, namentlich Widerspruch würde nur zu größerer Aufregung, ja zu maniakalischen Zuständen führen und sei zwangsweise gar nicht ausführbar. Mit seinem Schwager in Berlin, dem Dr. Guttmann, sei er entzweit. Demnach sei nur eine geduldige und dilatorische Behandlung möglich; weitere Verhandlungen der Herren im Ministerium mit ihm seien zu widerraten, da einstweilen hierdurch die Erregung nur neu genährt würde. Es sei besser, ihn gar nicht anzunehmen, allenfalls gebe er (Dr. M.) anheim, bei einer Unterredung ihn an fleißige Förderung seiner mathematischen Arbeit über Mengenlehre mit dem Bemerken zu mahnen, daß dieses seinen Plänen günstig sein werde. Denn zu wissenschaftlichen Arbeiten sei er auch jetzt, wenngleich mit Unterbrechungen, fähig und diese würden ihn ablenken und den Wandel befördern.
Ich bitte deshalb, im Reichsamt des Innern die möglichste Hinausschiebung der Antwort auf sein Gesuch herbeiführen zu wollen. Sollte Dr. Cantor wirklich törichterweise den Kaiser um Entlassung aus seinem Amte gebeten haben, so wird doch dieses Gesuch zunächst an unsern Herrn Minister und von diesem an mich zum Bericht gelangen, so daß ich den erwünschten Anlaß zu ausführlicher Darstellung erhalte. Auf Ermunterung zur Fortsetzung seiner mathematischen Arbeit soll auch von hier aus hingewirkt werden.
gez. W. Schrader

Quelle: ZStA Merseburg, Rep. 76 V^a, Sekt. 8, Tit. IV, Bd. XX, Bl. 132

Nr. 4: Bericht des Kurators Schrader an das Ministerium über Cantors Befinden.
Text:

Halle a. S., den 26. April 1900

Der Professor Dr. Cantor, der wegen seiner Erkrankung für das abgelaufene Winterhalbjahr beurlaubt war, hat mir vorgestern mündlich vorgestellt, daß er sich noch nicht über den Zeitpunkt für den Beginn seiner Sommer-Vorlesungen entscheiden könne. Nach seinem Aussehen und seiner gedrückten Sprechweise ist er offenbar aus dem früheren Zustande hochgradiger Erregung in das Stadium der Depression bis zur Willenlosigkeit, ganz nach Analogie seiner früheren Krankheitsvorgänge übergegangen. Wie lange dieser Zustand anhalten wird, ist nicht vorauszusehen; er ist jedenfalls einstweilen leistungsunfähig, weshalb ich ihn zu seiner Beruhigung ermächtigt habe, den Anfang seiner Vorlesungen noch hinauszuschieben.
Indem Eure Excellenz ich um geneigte nachträgliche Genehmigung dieser Urlaubsverlängerung bitte, bemerke ich gehorsamst, daß vorläufig der Zeitpunkt seiner völligen Genesung nicht zu bestimmen ist. Einer besonderen Vertretung des pp Cantor wird es nicht bedürfen, zumal die eine der angekündigten Privatvorlesungen über den wahren Autor der Jak. Böhmeschen Schriften auf haltlosen Hypothesen beruht, auch schwerlich Zuhörer gefunden haben würde, die andere über die Galoissche Theorie der Auflösung algebraischer Gleichungen verschoben werden kann u. die Zöglinge des mathematischen Seminars durch Professor Wangerin hinlängliche Anleitung erhalten werden.
Schrader

Quelle: Wie Nr. 3, Bl. 230

Nr. 5: Mitteilung des Kurators an das Ministerium vom 30. 11. 1900 über Cantors Gesundheitszustand:
Text:

Der Professor Cantor liest wöchentlich vierstündig über Differenzial- und Integralrechnung und hält alle vierzehn Tage sein zweistündiges Seminar; sein Aussehen und Behaben macht den Eindruck der Gesundheit.
(gez.) Schrader

Quelle: Wie Nr. 3, Bl. 269

Chronologie

1845	3. 3.: Geburt in Petersburg.
1856	Übersiedlung der Familie nach Deutschland. Besuch des Gymnasiums in Wiesbaden.
1859	Eintritt in die Höhere Gewerbeschule und Realschule in Darmstadt.
1862–1867	Studium in Zürich, Berlin, Göttingen, Berlin.
1867	Promotion in Berlin.
1869	Habilitation in Halle, Privatdozent an der Universität Halle.
1872	Extraordinarius in Halle. Hauptarbeit über trigonometrische Reihen.
1874	Heirat mit Vally Guttmann. Erste Veröffentlichung zur Mengenlehre.
1879	Ordinarius in Halle.
1879–1883	Erscheinen der Aufsatzfolge „Über unendliche lineare Punktmannigfaltigkeiten", des Hauptwerkes von Cantor.
1884	Erster gesundheitlicher Zusammenbruch. Beginn der Beschäftigung mit der Bacon-Shakespeare-Theorie.
1885–1887	Philosophische Arbeiten.
1889	Heidelberger Aufruf zur Gründung der DMV. Cantor wird Mitglied der Leopoldina.
1890	18. 9.: Gründung der DMV, Cantor wird ihr erster Vorsitzender.
1895–1897	Die „Beiträge zur Begründung der transfiniten Mengenlehre" erscheinen.
1897	Erster internationaler Mathematikerkongreß: Die Bedeutung der Mengenlehre wird offensichtlich.
1901	Ehrenmitglied der London Math. Society und der Charkower Math. Gesellschaft.
1902	Dr. h. c. der Universität Christiania (Oslo).
1911	Dr. h. c. der Universität St. Andrews.
1913	Rücktritt vom Lehramt.
1915	Feier des 70. Geburtstages Cantors in nationalem Rahmen.
1918	6. 1.: Tod in Halle.

Literatur

[1] Acta betreffend die Anstellung und Besoldung der außerordentlichen und ordentlichen Professoren in der philosophischen Facultät der Universität Halle. Zentrales Staatsarchiv Merseburg, Rep. 76 V^{a}, Sekt. 8, Tit. IV, Bd. IX ff.; ab 1912 neue Bandzählung.

[2] Asser, G.: 100 Jahre Mengenlehre. Mitteilungen der math. Ges. der DDR, 1974, H. 3, S. 17–42.

[3] Auszug aus einem Briefe von L. Kronecker an Herrn Prof. G. Cantor. Jahresbericht der DMV, Bd. 1 (1890–91). Berlin 1892. S. 23–25.

[4] Avron, J. E., Simon, B.: Almost periodic Hill's Equation and the Rings of Saturn. Phys. Rev. Lett. 46 (1981) 1166–1170.

[5] Barnikol, E.: Das Leben Jesu der Heilsgeschichte. Halle 1958.

[6] Baumgärtner, D.: Persönl. Mitteilung an die Verfasser vom 20. 8. 83.

[7] Becker, O.: Grundlagen der Mathematik in geschichtlicher Entwicklung. 2. Aufl. München 1964.

[8] Bericht über die Jahresversammlung zu Lübeck ... 1895. Jahresbericht der DMV 4 (1894–95) 7–12.

[9] Bericht über die Jahresversammlung zu Wien ... 1894. Jahresbericht der DMV 4 (1894–95) 3–5.

[10] Biermann, K.-R.: Die Mathematik und ihre Dozenten an der Berliner Universität 1810–1920. Berlin 1973.

[11] Bolzano, B.: Paradoxien des Unendlichen. 2. Aufl. Berlin 1889.

[12] Bolzano, B.: Early Mathematical Works. Prag 1981.

[13] Breidert, W.: Das aristotelische Kontinuum in der Scholastik. Münster 1970.

[14] Brockhaus' Conversations-Lexikon. Bd. 3. Leipzig 1875.

[15] Brouwer, L. E. J.: Beweis der Invarianz der Dimensionszahl. Math. Ann. 70 (1911) 161–165.

[16] Burali-Forti, C.: Una questione sui numeri transfiniti. Rendic. circol. mat. Palermo 11 (1897) 154–164.

[17] Cantor, G.: Gesammelte Abhandlungen mathematischen und philosophischen Inhalts. Hrsg. von E. Zermelo nebst einem Lebenslauf Cantors von A. Fraenkel. Berlin 1932.

[18] Cantor, G.: De aequationibus secundi gradus indeterminatis. Diss. phil. Berlin 1867 (incl. „Vita" v. Cantor). WA: [17], S. 1–31.

[19] Cantor, G.: Über einfache Zahlensysteme. Zeitschr. f. Math. u. Physik 14 (1869), S. 121–128. WA: [17], S. 35–42.

[20] Cantor, G.: De transformatione formarum ternarium quadraticarum. Habilitationsschrift, Halle 1869. WA: [17], S. 51–62.

[21] Cantor, G.: Über einen die trigonometrischen Reihen betreffenden Lehrsatz. J. f. reine ang. Math. 72 (1870) 130–138. WA: [17].

[22] Cantor, G.: Beweis, daß eine für jeden reellen Wert von x durch eine trigonometrische Reihe gegebene Funktion $f(x)$ sich nur auf eine einzige Weise in dieser Form darstellen läßt. Journal f. reine und angew. Math. 72 (1870) 139–142. WA: [17], S. 80–83.

[23] Cantor, G.: Über trigonometrische Reihen. Math. Ann. 4 (1871) 139 bis 143. WA.: [17], S. 87–91.

[24] Cantor, G.: Über die Ausdehnung eines Satzes aus der Theorie der trigonometrischen Reihen. Math. Ann. 5 (1872) 123–132. WA: [17], S. 92–102.

[25] Cantor, G.: Über eine Eigenschaft des Inbegriffs aller reellen algebraischen Zahlen. Journal f. reine und angew. Math. 77 (1874) 258 bis 262. WA: [17], S. 115–118.

[26] Cantor, G.: Ein Beitrag zur Mannigfaltigkeitslehre. Journal f. reine und angew. Math. 84 (1878) 242–258. WA: [17], S. 119–133.

[27] Cantor, G.: Über einen Satz aus der Theorie der stetigen Mannigfaltigkeiten. Göttinger Nachr. (1879) 127–135. WA: [17], S. 134 bis 138.

[28] Cantor, G.: Über ein neues und allgemeines Condensationsprinzip der Singularitäten von Funktionen. Math. Ann. 19 (1882) 588–594. WA: [17], S. 107–113.

[29] Cantor, G.: Über unendliche lineare Punktmannichfaltigkeiten. Math. Ann. 15 (1879) 1–7, 17 (1880) 355–358, 20 (1882) 113–121, 21 (1883) 51–58 u. 545–586, 23 (1884) 453–488. WA (ohne Fußnoten): [17], S. 139–246.

[30] Cantor, G.: Sur divers théorèmes de la théorie des ensembles de points situés dans un espace continu à n dimensions. (Première communication. Extrait d'une lettre adressée à l'éditeur) Acta Math. 2 (1883) 409–414. WA: [17], S. 247–251.

[31] Cantor, G.: De la puissance des ensembles parfaits des points. (Extrait d'une lettre adressée à éditeur). Acta Math. 4 (1884) 381–392. WA: [17], S. 252–260.

[32] Cantor, G.: Über verschiedene Theoreme der Punktmengen in einem n-fach ausgedehnten stetigen Raume G_n. Zweite Mitteilung. Acta Math. 7 (1885) 105–124. WA: [17], S. 261–277.

[33] Cantor, G.: Rezension der Schrift von G. Frege „Die Grundlagen der Arithmetik“, Breslau 1884. Dtsch. Lit. Ztg. 6 (1885) 728–729. WA: [17], S. 440–442.

[34] Cantor, G.: Über die verschiedenen Standpunkte in bezug auf das aktuale Unendliche. Zeitschr. für Philos. u. philos. Kritik 88 (1886) 224–233. WA: [17], S. 370–377.

[35] Cantor, G.: Mitteilungen zur Lehre vom Transfiniten. Zeitschr. für Philos. u. philos. Kritik 91 (1887) 81–125, 92 (1888) 240–265. WA: [17], S. 378–439.

[36] Cantor, G.: Über eine elementare Frage der Mannigfaltigkeitslehre. Jahresber. der DMV 1 (1890/91) 75–78. WA: [17], S. 278–281.

[37] Cantor, G.: Brief an den Kurator der Universität Halle-Wittenberg vom 29. 6. 1891. Personalakte Cantor (unpaginiert), UA Halle.

[38] Cantor, G.: Beiträge zur Begründung der transfiniten Mengenlehre. Math. Ann. 46 (1895) 481–512, 49 (1897) 207–246. WA: [17], S. 282–356.

[39] Cantor, G. (ed.): Resurrectio Divi Quirini Francisci Baconi Baronis de Verulam Vicecomitis Sancti Albani CCLXX annis post obitum eius IX die aprilis anni MDCXXVI. (Pro manuscripto.) Cura et impensis G C. Halis Saxonum MDCCCXCVI.

[40] Cantor, G. (ed.): Confessio fidei Francisci Baconi Baronis de Verulam ... cum versione latina a G. Rawley ..., nunc denuo typis excusa cura et impensis G. C. Halis Saxonum MDCCCXCVI.

[41] Cantor, G. (ed.): Die Rawleysche Sammlung von zweiunddreißig Trauergedichten auf Francis Bacon. Ein Zeugnis zugunsten der Bacon-Shakespeare-Theorie mit einem Vorwort herausgegeben von Georg Cantor. Halle 1897.

[42] Cantor, G.: Brief an den Kurator der Universität Halle-Wittenberg vom 22. 10. 1899 (Abschrift). Personalakte Cantor (unpaginiert), UA Halle.

[43] Cantor, G.: Shaxpeareologie und Baconianismus .... Magazin für Litteratur 69 (1900), Sp. 196–203.

[43a] Cantor, G.: Bemerkungen zur Mengenlehre. Jahresber. d. DMV 12 (1903) 519.

[44] Cantor, G.: Ex oriente lux. Gespräche eines Meisters mit seinem Schüler über wesentliche Punkte des urkundlichen Christentums. Berichtet vom Schüler selbst Georg Jacob Aaron, cand. sacr. theol. Erstes Gespräch. Hrsg. von Georg Cantor. Halle 1905.

[45] Cavaillès, J.; Noether, E.: Briefwechsel Cantor-Dedekind. Paris 1937.

[46] Cohen, P. J.: The independence of the continuum hypothesis. Proc. Nat. Acad. Sci. USA 50 (1963) 1143–1148, 51 (1964) 105–110.

[47] Cohen, P. J.: Set theory and the continuum hypothesis. New York, Amsterdam 1966.

[48] Cohen, P. J.; Hersh, R.: Non-Cantorian set theory. Scientific Amer. 217 (1967) 6, S. 104–116.

[49] Cohn, J.: Geschichte der Unendlichkeitsproblematik im abendländischen Denken bis Kant. Leipzig 1896.

[50] Dales, H. G.: Discontinuous homomorphisms from topological algebras. American Journal of Mathematics 101 (1979) 3, S. 635–646.

[51] Dauben, J. W.: Georg Cantor and Pope Leo XIII. Journ. of the History of Ideas 38 (1977) 85–108.

[52] Dauben, J. W.: Georg Cantor. His Mathematics and Philosophy of the Infinite. Cambridge (Mass.), London 1979.

[53] Dauben, J. W.: Georg Cantor und die Mächtigkeit der Mengen. Spektrum der Wissenschaft, Aug. 1983, S. 112–122.

[54] Dedekind, R.: Stetigkeit und irrationale Zahlen. Braunschweig 1872. WA: [56].

[55] Dedekind, R.: Was sind und was sollen die Zahlen? Braunschweig 1888. WA: [56].

[56] Dedekind, R.: Was sind und was sollen die Zahlen? 11. Aufl. Stetigkeit und irrationale Zahlen. 8. Aufl. Mit einem Vorwort von G. Asser. Berlin 1967.

[57] Demidov, S. S.: K istorii aksiomatičeskogo metoda. Ist. i metod. estestvozn. nauk 14 (1973) 74–91.

[58] Die Hilbertschen Probleme. Ostwalds Klassiker, Bd. 252. 3. Aufl. Leipzig 1983.

[59] Dugac, P.: Richard Dédekind et les fondements des mathématiques. Paris 1976.

[60] Eccarius, W.: Georg Cantor und Kurd Laßwitz. Briefe zur Philosophie des Unendlichen. NTM (im Druck).

[61] Engel, F.; Dehn, M.: Moritz Pasch. Jahresber. der DMV 44 (1934) 120–142.

[62] Esenin-Volpin, A. S.: Zum ersten Hilbertschen Problem. In: [58], S. 81–101.

[63] Esenin-Volpin, A. S.: Zum zweiten Hilbertschen Problem. In: [58], S. 102–113.

[64] Eucken, R.: Die Philosophie des Thomas von Aquino und die Kultur der Neuzeit. Zeitschr. für Philos. und philos. Kritik 87 (1885) 161–214.

[65] Fraenkel, A.: Zehn Vorlesungen über die Grundlegung der Mengenlehre. Leipzig-Berlin 1927.

[66] Fraenkel, A.: Einleitung in die Mengenlehre. Berlin 1928.

[67] Fraenkel, A.: Georg Cantor. Jahresber. der DMV 39 (1930) 189–266.

[68] Fraenkel, A.: Das Leben Georg Cantors. In: [17], S. 452–483.

[69] Fraenkel, A.; Bar-Hillel, Y.: Foundations of set theory. Amsterdam 1958.

[70] Frege, G.: Die Grundlagen der Arithmetik. Eine logisch-mathematische Untersuchung über den Begriff der Zahl. Breslau 1884.

[71] Frege, G.: Grundgesetze der Arithmetik, begriffsschriftlich abgeleitet. Bd. I, Jena 1893.

[72] Frege, G.: Grundgesetze der Arithmetik. Bd. II, Jena 1903.

[73] Gauß, C. F.: Werke. 12 Bde. Göttingen 1863–1933.

[74] Gericke, H.: Aus der Chronik der Deutschen Mathematiker-Vereinigung. Jahresber. der DMV 68 (1966) 46 (2) – 74 (30).

[75] Geschäftlicher Bericht. Jahresber. der DMV 3 (1892–93) 8–9.

[76] Glückwunschadresse der DMV an Cantor. Jahresber. der DMV 24 (1915) 97.

[77] Gödel, K.: Über formal unentscheidbare Sätze der Principia Mathematica und verwandter Systeme. Monatshefte f. Math. u. Physik 38 (1931) 173–198.

[78] Gödel, K.: The consistency of the axiom of choice and the generalized continuum hypothesis, Proc. Nat. Acad. Sci. USA 24 (1938) 556–557.

[79] Grattan-Guinness, I.: An unpublished paper by Georg Cantor: Principien einer Theorie der Ordnungstypen. Erste Mitteilung. Acta math. 124 (1970) 65–107.

[80] Grattan-Guinness, I.: Missing materials concerning the life and work of Georg Cantor. Isis 62 (1971) 516–517.

[81] Grattan-Guinness, I.: Towards a Biography of Georg Cantor. Annals of Science 27 (1971) 4, S. 345–391.

[82] Grattan-Guinness, I.: The Correspondence between Georg Cantor and Philip Jourdain. Jahresber. DMV 73 (1971–72) 111–130.

[83] Grattan-Guinness, I.: The Rediscovery of the Cantor-Dedekind Correspondence. Jahresber. DMV 76 (1974–75) 104–139.

[84] Grattan-Guinness, I.: Georg Cantor's Influence on Bertrand Russell. History and Philosophy of Logic, 1 (1980) 61–93.

[85] Günther, S.: Külp, Edmund Jacob. Allgemeine Deutsche Biographie, Bd. 17, Leipzig 1883, S. 364.

[86] Guggenbühl, G.: Personenverzeichnis. In: Eidgenössische Technische Hochschule 1855–1955. Zürich 1955, S. 226–254.

[87] Gutberlet, C.: Das Unendliche mathematisch und metaphysisch betrachtet. Mainz 1878.

[88] Gutberlet, C.: Das Problem des Unendlichen. Zeitschr. für Philos. und philos. Kritik, Neue Folge 88 (1886) 179–223.

[89] Gutberlet, C.: Rezension von Vaihinger, H.: Die Philosophie des Alsob ... Philosophisches Jahrbuch der Görres-Gesellschaft 32 (1919) 83–90.

[90] Gutberlet, C.: Constantin Gutberlet. Die Philosophie der Gegenwart in Selbstdarstellungen, Bd. 4. Leipzig 1923, S. 47–74.

[91] Gutzmer, A.: Geschichte der Deutschen Mathematiker-Vereinigung. Leipzig 1904.

[92] Hadamard, J.; Baire, R.; Lebesgue, H.; Borel, E.: Cinq lettres sur la théorie des ensembles. S. M. F. Bull. 33, S. 261–273.

[93] Hadamard, J.: Sur Certaines applications possibles de la théorie des ensembles. Verhandlungen des ersten Intern. Mathematikerkongresses in Zürich vom 9.–11. August 1897. Leipzig 1898, S. 201–202.

[94] Hankel, H.: Untersuchungen über die unendlich oft oszillierenden und unstetigen Funktionen. Universitätsprogramm Tübingen 1870. WA: Ostwalds Klassiker Bd. 153, 1905.

[95] Hausdorff, F.: Grundzüge der Mengenlehre. Leipzig 1914.

[96] Heine, E.: Über trigonometrische Reihen. Journ. für reine und angew. Mathematik 71 (1870) 353–365.

[97] Heine, E.: Die Elemente der Functionenlehre. Journ. für reine und angew. Math. 74 (1872) 172–188.

[98] Heitsch, W.: Mathematik und Weltanschauung. Berlin 1976.

[99] Hermes, H.: Zur Geschichte der mathematischen Logik und Grundlagenforschung in den letzten fünfundsiebzig Jahren. Jahresber. DMV 68 (1966) 75–96.

[100] Helferstein, U.: Persönliche Mitteilung an die Verfasser vom 7. 12. 1982.

[101] Hessenberg, G.: Grundbegriffe der Mengenlehre. Abh. der Fries'schen Schule 1 (1906) 479–706.

[102] Hessenberg, G.: Willkürliche Schöpfungen des Verstandes? Jahresber. DMV 17 (1908) 145–162.

[103] Hilbert, D.: Gesammelte Abhandlungen. Bd. III. Berlin 1935.

[104] Hilbert, D.: Über das Unendliche. Math. Ann. 95 (1925) 161–190.

[105] Hilbert, D.: Die Grundlegung der elementaren Zahlentheorie. Math. Ann. 104 (1931) 485–494. WA: [103], S. 192–196.

[106] Hilbert, D.: Neubegründung der Mathematik. Erste Mitt. Abh. des Math. Seminars der Univ. Hamburg, Bd. 1 (1922) 157–177. WA: [103], S. 157–177.

[107] Hilbert, D.: Über den Zahlbegriff. Jahresber. DMV 8 (1900) 181–184.

[108] Hilbert, D.: Hermann Minkowski. Nachr. der Königl. Ges. der Wiss. zu Göttingen. Geschäftl. Mitt. aus dem Jahre 1909, S. 72–101.

[109] Hontheim, J.: Der logische Algorithmus in seinem Wesen. Berlin 1895.

[110] Hurwitz, A.: Über die Entwicklung der allgemeinen Theorie der analytischen Funktionen in neuerer Zeit. Verhandlungen des ersten Internationalen Mathematikerkongresses in Zürich vom 9.–11. August 1897. Leipzig 1898, S. 91–112.

[111] Ilgauds, H. J.: Zur Biographie von Georg Cantor: Georg Cantor und die Bacon-Shakespeare-Theorie. NTM 19 (1982) 2, S. 31–49.

[112] Jahrbuch über die Fortschritte der Mathematik. Berlin 1871 ff.

[113] Jahresbericht der DMV 24 (1915), Angelegenheiten der DMV, S. 97, S. 117.

[114] Jarnik, V.: Bolzano and the Foundations of mathematical analysis. Prag 1981.

[115] Jerrmann, E.: Unpolitische Bilder aus St. Petersburg. Berlin 1851.

[116] Jordan, C.: Remarques sur les intégrales définis. J. math., Sér. 4, 8 (1892) 69 f.

[117] Jordan, C.: Cours d'analyse de l'Ecole polytechnique. T. 1. Paris 1893.

[118] Jourdain, Ph.: On the Transfinite Cardinal Numbers of well-ordered Aggregates. Phil. Magaz. V. VII, 6. ser. 1904. S. 61–75.

[119] Jourdain, Ph.: The development of the theory of transfinite numbers. Arch. Math. Physik (Grunerts Archiv) 10 (1906) 254–281, 14 (1908/09) 287–311, 16 (1910) 21–43, 22 (1913/14) 1–21.

[120] Kamke, E.: Mengenlehre. Sammlung Göschen Bd. 999. Berlin 1962.

[121] Kennedy, H. C.: Peano. Life and Works of Guiseppe Peano. Dordrecht-Boston-London 1980.

[122] Kertész, A.: Georg Cantor, Schöpfer der Mengenlehre. Acta historica Leopoldina Bd. 15, 1983.

[123] Klaua, D.: Allgemeine Mengenlehre. Berlin 1964.

[124] Klein, F.: Vorlesungen über die Entwicklung der Mathematik im 19. Jahrhundert. Bd. I, Berlin 1926.

[125] Kline, M.: Mathematical thought from ancient to modern times. New York 1972.

[126] Kossak, E.: Die Elemente der Arithmetik. Berlin 1872.

[127] Kowalewski, G.: Bestand und Wandel. München 1950.

[128] Kronecker, L.: Über den Zahlbegriff. Journal für reine und angew. Mathematik 101 (1887) 337–355. WA: Werke, Bd. 3/1, Leipzig-Berlin 1899, S. 249–274.

[129] Kühnrich, M.: Von Cantor bis zu Cohen. Aus der 100jährigen Entwicklung der Mengenlehre. Mitt. der Math. Ges. der DDR, H. 3 1974, S. 68–80.

[130] Kühnrich, M.: Das Kontinuumproblem. Mitt. der Math. Ges. der DDR, H. 4, 1974, S. 5–39.

[131] Kuznecov, B. G.: Philosophie-Mathematik-Physik. Berlin 1981.

[132] Lenz, M.: Geschichte der Königlichen Friedrich-Wilhelms-Universität zu Berlin, Bd. 3. Halle 1910.

[133] Leo XIII: Aeterni Patris ... In: Sämmtliche Rundschreiben erlassen von Unserem Heiligsten Vater Leo XIII. Erste Sammlung. Freiburg 1881, S. 53–103.

[134] Lorey, W.: Der 70. Geburtstag des Mathematikers Georg Cantor. Zeitschr. f. math. und naturwiss. Unterricht 46 (1915) 269–274.

[135] Marx, K.; Engels, F.: Werke. Bd. 20, Berlin 1962.

[136] Materialien der Jenaer Frege-Konferenz zum 100jährigen Jubiläum der „Begriffsschrift". Jena 1979.

[137] Medvedev, F. A.: Razvitie teorii množestv v XIX veke. Moskva 1965.

[138] Medvedev, F. A.: Razvitie ponjatija integrala. Moskva 1974.

[139] Medvedev, F. A.: Očerki istorii teorii funkcij dejstvitel'nogo peremennogo. Moskva 1975.

[140] Medvedev, F. A.: Francuzskaja škola teorii funkcij i množestv. na rubeže XIX – XX v v. Moskva 1976.

[141] Medvedev, F. A.: Rannaja istorija aksiomy vybora. Moskva 1982.

[142] Medvedev, F. A.: Teorii abstraknych množestv Kantora i Dedekinda. Semiotika i informatika 22 (1983) 45–80.

[143] Meschkowski, H.: Aus den Briefbüchern Georg Cantors. Archive for History of Exact Sci. 2 (1962–66) 503–519.

[144] Meschkowski, H.: Probleme des Unendlichen. Werk und Leben Georg Cantors. Braunschweig 1967.

[145] Meurer, H.: Noch Einiges zum Bacon-Shakespeare-Mythus. Anglia, Zeitschrift für englische Philologie, Bd. XXIV, Neue Folge Bd XII (1901) 401–427.

[146] Meyer, F.: Elemente der Arithmetik und Algebra. Halle 1885.

[147] Meyer, H.: Über einige naturphilosophische Diskussionen im Zusammenhang mit der Begründung der Mengentheorie durch Georg Cantor. Wiss. Zeitschr. der Humboldt-Univ., Math.-naturw. Reihe 3 (1983) 301–304.

[148] Minkowski, H.: Briefe an David Hilbert. Hrsg. von L. Rüdenberg und H. Zassenhaus. Berlin-Heidelberg-New York 1973.

[148a] Mittag-Leffler, G.: Weierstraß et Sonja Kowalewski. Acta Math. 39 (1923) 133–198.

[149] Molodschi, W. N.: Studien zu philosophischen Problemen der Mathematik. Berlin 1977.

[150] Moore, G. H.: Zermelo's Axiom of choice. New York-Heidelberg-Berlin 1982.
[151] Müller, F.: Karl Schellbach. Rückblick auf sein wissenschaftliches Leben. Leipzig 1905.
[152] Neumann, J. v.: Eine Axiomatisierung der Mengenlehre. J. f. Math. 154 (1925) 219–240.
[153] Neumann, O.; Purkert, W.: Richard Dedekind – Zum 150. Geburtstag. Mitt. der Math. Ges. der DDR, H. 2–4, 1981, S. 84–110.
[154] Paplauskas, A. V.: Trigonometričeskije rjady ot Ejlera do Lebega. Moskva 1966.
[155] Peano, G.: Applicazioni geometriche del calcolo infinitesimale. Torino 1887.
[156] Pesch, T.: Die großen Welträtsel. Philosophie der Natur. 3. Aufl. Bd. 1, Freiburg 1907.
[157] Peters, M.: Lied eines Lebens 1875–1954. (Über Leben und Wirken von Else Cantor). Privatdruck Halle 1961.
[158] Platon: Staat. Langenscheidtsche Bibliothek sämtlicher griechischen und römischen Klassiker. Bd. 40, Berlin-Stuttgart 1855–1914.
[159] Pönitz, K.: Shakespeare und die Psychiatrie. Therapie der Gegenwart 12 (1964) 1463–1478.
[160] Purkert, W.: Die Genesis des abstrakten Körperbegriffs. Teil 1. NTM 10 (1973) 1, S. 23–37; Teil 2 NTM 10 (1973) 2, S. 8–20.
[161] Purkert, W.: Elemente des Intuitionismus im Werk Leopold Kroneckers. Math. in der Schule 14 (1976) 81–86.
[162] Riemann, B.: Werke. Leipzig 1892.
[163] Rompe, R.; Treder, H.-J.: Über die Einheit der exakten Wissenschaften. Berlin 1982.
[164] Robinson, A.: Non-standard analysis. Amsterdam 1966.
[165] Russell, B.: The Principles of Mathematics I. Cambridge 1903.
[166] Russell, B.; Whitehead, A. N.: Principia mathematica. Vol. I. Cambridge 1910.
[167] Rychlik, K.: Theorie der reellen Zahlen in Bolzano's handschriftlichem Nachlasse. Czechosl. math. J. 7 (1957) 553–567.
[168] Schaefer, H.: Georg Cantor und das Unendliche. Jb. d. Heidelberger Akademie der Wiss. 1981, S. 106–107.
[169] Schaefer, H.: Georg Cantor und das Unendliche in der Mathematik. Sitzungsberichte der Heidelberger Akademie der Wiss., Math.-nat. Klasse, 1982, 2. Abh.
[170] Schindler, A.: Biographie von Ludwig van Beethoven (1843). Leipzig 1973.
[171] Schmid, A.: Erkenntnißlehre. 2 Bde, Freiburg 1890.
[172] Schmieden, C.; Laugwitz, D.: Eine Erweiterung der Infinitesimalrechnung. Math. Z. 69 (1958) 1–39.
[173] Schoenflies, A.: Die Entwicklung der Lehre von den Punktmannigfaltigkeiten. 1. Teil, Jahresber. der DMV 8 (1900); 2. Teil, Jahresber. der DMV, II. Ergänzungsbd. 1908.

[174] Schoenflies, A.; Hahn, H.: Entwicklung der Mengenlehre und ihrer Anwendungen. Leipzig-Berlin 1913.

[175] Schoenflies, A.: Zur Erinnerung an Georg Cantor. Jahresber. der DMV 31 (1922) 97–106.

[176] Schoenflies, A.: Die Krisis in Cantor's mathematischem Schaffen. Acta math. 50 (1927) 1–23.

[177] Schröter, K.: Die Mengenlehre als inhaltliches Fundament der Mathematik. NTM 6 (1969) 1, S. 1–9.

[178] Schweitzer, A.: Von Reimarus bis Wrede. Eine Geschichte der Leben-Jesu-Forschung (1906). In: Albert Schweitzer: Ausgewählte Werke in fünf Bänden, Bd. 3. Berlin 1971.

[179] Seidel, M.: Von Thales bis Platon. Berlin 1980.

[180] Specker, E.: Die Entwicklung der axiomatischen Mengenlehre. Jahresber. der DMV 81 (1978) 13–21.

[181] Spiess, B.: Verzeichnis aller Lehrer des Pädagogiums (1817–1844) und des Gymnasiums (1844–1894). In: Königliches Gymnasium zu Wiesbaden. Festschrift zur Gedenkfeier des fünfzigjährigen Bestehens der Anstalt. Wiesbaden 1894, S. 31–103.

[182] Statuten der Deutschen Mathematiker-Vereinigung. In: Jahresber. der DMV 1 (1890–91) 12–13.

[183] Steinitz, E.: Algebraische Theorie der Körper. Journ. f. reine u. angew. Math. 137 (1910) 167–309. Neu hrsg. von H. Hasse und R. Baer. Berlin 1930.

[184] Struik, D. J.: Abriß der Geschichte der Mathematik. 5. Aufl., Berlin 1972.

[185] Ternus, J.: Ein Brief Georg Cantors an P. Joseph Hontheim S. J. Scholastik 4 (1929) 561–571.

[186] Theologisches Literaturblatt. XXIX (1908).

[187] Thomas von Aquino: Summe der Theologie. Bd. 1, Leipzig 1934.

[188] Venturini, K. H.: Natürliche Geschichte des großen Propheten von Nazareth. Zweyte Ausgabe, Erster–Vierter Theil, Bethlehem (Kopenhagen) 1806.

[189] Viefhaus, E.: Hochschule-Staat-Gesellschaft. Zur Entstehung und Entwicklung der Technischen Hochschule Darmstadt im 19. und 20. Jahrhundert. 100 Jahre Technische Hochschule Darmstadt, Darmstadt o. J., S. 57–111.

[190] Viefhaus, M.: Chronik zur Entwicklung der Technischen Hochschule Darmstadt. 100 Jahre Technische Hochschule Darmstadt, Darmstadt o. J. S. 13–30.

[191] Weber, H.: Leopold Kronecker. Math. Ann. 43 (1893) 1–25.

[192] Weierstraß, K.: Briefe. Acta math. 39 (1923) 199–258.

[193] Wülker, R. P.: Die Shakespeare-Bacon-Theorie. Ber. über die Verh. der Königl. Sächsischen Ges. der Wiss. zu Leipzig, Phil.-hist. Classe, IV (1889), S. 217–300.

[194] Wußing, H.: Vorlesungen zur Geschichte der Mathematik. Berlin 1979.

[195] Wyss, G. v.: Die Hochschule Zürich in den Jahren 1833–1883. Festschrift zur fünfzigsten Jahresfeier ihrer Stiftung. Zürich 1883.

[196] Young, G. Ch. und W. H.: The theory of sets of points. Cambridge 1906. 2. Aufl. mit Vorwort und Anhängen von R. C. H. Tanner und I. Grattan-Guinness. New York 1972.

[197] Zermelo, E.: Beweis, daß jede Menge wohlgeordnet werden kann. Math. Ann. 59 (1904) 514–516.

[198] Zermelo, E.: Untersuchungen über die Grundlagen der Mengenlehre. Math. Ann. 65 (1908) 261–281.

[199] Zollinger, M.: Bilder zur Geschichte der Universität Zürich. Auf die 125. Stiftungsfeier der Universität Zürich. Zürich 1958.

Zusätze

[200] Hofstadter, D. R.: Energy levels and wave functions of Bloch electrons in rational and irrational magnetic fields. Phys. Review B 14 (1976) 2239–2249.

[201] Kreiser, L.: W. Wundts Auffassung der Mathematik – Briefe von G. Cantor an W. Wundt. Wiss. Zeitschr. der KMU, Ges. – und sprachwiss. Reihe 28 (1979) 2, S. 197–206.

[202] Mandelbrot, B. B.: Fractals – Form, Chance, and Dimensions. San Francisco 1977.

[203] Ruelle, D.: Strange attractors as a mathematical explanation of turbulence. In: Statistical Models and Turbulence. Lecture Notes Physics 12. New York 1972.

[204] Ruelle, D.; Takens, F.: On the nature of turbulence. Communications on Math. Physics 20 (1971) 167–192.

[205] Simon, B.: Almost periodic Schrödinger Operators: A Review. Adv. Appl. Math. 3 (1982) 463–509.

[206] Ulam, S. M.: Sets, Numbers and Universes. Selected Works. Ed.: W. A. Beyer, J. Mycielski and G.-C. Rota. Cambridge (Mass.) 1974.

[207] Grattan-Guinness, I. (Ed.): From the Calculus to Set Theory 1630 bis 1910. London 1980.

[208] Rucker, R.: Infinity and the Mind. The Science and Philosophie of the Infinite. Boston–Basel–Stuttgart 1982.

Personenregister